水体污染控制与治理科技重大专项“十三五”成果系列丛书
分散生活污水处理设施智慧监测控制系统设备与平台（太湖标志性成果）

农村生活污水处理设施运维管理技术指导手册

刘 锐 贺雷蕾 主编

ZHEJIANG UNIVERSITY PRESS
浙江大学出版社
·杭州·

图书在版编目（CIP）数据

农村生活污水处理设施运维管理技术指导手册 / 刘锐，贺雷蕾主编. -- 杭州 ：浙江大学出版社，2023.9
ISBN 978-7-308-24187-8

Ⅰ. ①农… Ⅱ. ①刘… ②贺… Ⅲ. ①农村－生活污水－污水处理－水处理设施－维修－手册 Ⅳ. ①X703-62

中国国家版本馆CIP数据核字(2023)第170860号

农村生活污水处理设施运维管理技术指导手册

NONGCUN SHENGHUO WUSHUI CHULI SHESHI YUNWEI GUANLI JISHU ZHIDAO SHOUCE

刘 锐 贺雷蕾 主编

责任编辑 王 波
责任校对 吴昌雷
责任印制 范洪法
封面设计 雷建军
出版发行 浙江大学出版社
(杭州市天目山路148号 邮政编码 310007)
(网址：http：//www.zjupress.com)
排 版 杭州林智广告有限公司
印 刷 杭州捷派印务有限公司
开 本 710mm×1000mm 1/16
印 张 9.25
字 数 138千
版 印 次 2023年9月第1版 2023年9月第1次印刷
书 号 ISBN 978-7-308-24187-8
定 价 58.00元

浙江大学出版社市场运营中心联系方式：0571-88925591；http：//zjdxcbs.tmall.com

前 言

FOREWORD

近 25 年，我国农村生活污水排放总量翻了一番。大量农村生活污水进入自然环境，引起水体富营养化和水体黑臭等问题，严重者甚至影响饮用水安全。我国从 2005 年开始不断强化农村污水治理，农村生活污水治理事业快速发展，全国各地建成大量农村污水处理设施。今后这些处理设施能否得到科学、规范的运维，对于其发挥作用至关重要。

本书可供农村生活污水处理设施运维和管理人员入门使用，用浅显易懂的语言、图文并茂的方式增强了文本的可读性。全书共 15 章。第 1 章回顾了我国农村生活污水治理的发展历程。第 2 章总结了农村生活污水处理设施运维监管难点，并以农村污水治理先行地浙江为例总结了我国农村污水处理设施运维管理现状及发展。第 3 章介绍了农村生活污水处理设施基本知识，解释了相关术语。第 4 章至 14 章汇集了国家最新标准和浙江省多项标准与导则的技术要求，分别对运维内容及流程、污水收集和预处理系统、生物处理与生态处理系统、深度处理系统、污泥废弃物处理处置及尾水排放、附属设施、应急处理、运维管理平台、水质检测、运维效果评价等进行阐述，并针对农村生活污水常见处理工艺，解说了工艺技术原理、工艺运行参数、巡检养护要点以及常见问题对策。第 15 章提出了对运维管理工作的建议和展望。附件中摘选了农村生活污水处理设施运行维护常用的记录表格、条例要求和工作程序，便于日常使用查找。

本书在国家水体污染控制与治理科技重大专项“嘉兴市水污染协调控制与水源地质量改善项目”课题四“分散生活污水处理设施智慧监测控制系统设备与平台（2017ZX07206-004）”的资助和技术支持下编写而成，在编写过程中得到了浙江大学罗安程教授、清华大学施汉昌教授、中国科学院生态环境研究中心刘俊新研究员等老师的耐心指导，以及浙江省村镇建设与发展研究会、村镇环境科技产业联盟的大力支持，在此表示衷心的感谢！书中不妥之处，敬请读者批评指正。

目 录

CONTENTS

第1章 我国农村生活污水治理发展概况

农村生活污水治理是我国农村人居环境整治的关键环节，也是乡村振兴工作的重要内容。只有把农村生活污水治理好，全国 5 亿多农村人口的居住环境才能得到有效改善，农村居民的幸福感才能得到切实提升，乡村振兴工作才能有条不紊地推进。我国农村污水治理从 2002 年开始起步，到现在已经走过 20 个年头，相关标准规范和体制政策不断完善，大规模推进了农村生活污水处理设施建设和运维管理的发展。本章回顾总结了我国农村生活污水治理的发展历程，供运维监管人员了解参考。

1.1 农村生活污水治理意义重大

随着我国经济快速发展和农村人民生活水平的不断提高，自来水、洗衣机、抽水马桶、淋浴设备等在农村地区得到普及，农村居民生活用水量和污水排放量随之增加。《中国统计年鉴 2021》显示我国现有农村人口 5.1 亿，如果按平均每人每天产生 80~100 L生活污水计算，全国农村生活污水年产量约为 146 亿~182 亿吨，数量非常巨大。与此同时，农村生活污水处理存在很大短板。根据城乡和住房建设部的统计数据，与全国城市生活污水处理率超过 97% 相比，2021 年全国农村生活污水处理率仅为 28%。农村生活污水是我国农村的主要环境污染来源之一，极大地影响了农村人居环境，还可能影响农村饮用水安全。农村生活污水治理成为重要紧迫任务，关系到“农村生态文明建设”。只有把农村生活污水治理好，农村人居环境得到有效改善，农民的幸福感才能切实提升，美丽乡村建设和乡村振兴工作才能更有序地开展。

1.2 我国农村生活污水治理的起步与发展

我国农村生活污水治理从2002年开始起步，先后经历了萌芽阶段（2002—2007年）、初期发展阶段（2008—2014年）和快速发展阶段（2015年至今）。

2002—2007年是我国农村生活污水治理的萌芽阶段。2002年，党的十六大报告提出了全面建设小康社会目标和统筹城乡经济社会发展要求；2003年，党的十六届三中全会提出了科学发展观，坚持城乡协调发展和可持续发展。2005年，《国务院关于落实科学发展观加强环境保护的决定》（国发〔2005〕39号）指出"必须把环境保护摆在更加重要的战略位置""坚持环境保护基本国策""倡导生态文明，强化环境法治，完善监管体制，建立长效机制，建设资源节约型和环境友好型社会，努力让人民群众喝上干净的水、呼吸清洁的空气、吃上放心的食物，在良好的环境中生产生活"。2006年《中共中央、国务院关于推进社会主义新农村建设的若干意见》（中发〔2006〕1号）发布，2007年《关于加强农村环境保护工作意见的通知》（国办发〔2007〕63号）发布。自此，我国农村生活污水治理开始受到重视，治理步伐开始加快。

2008—2014年为我国农村生活污水治理的初步发展阶段。2008年，国务院首次召开全国农村环保工作会议，时任国务院副总理李克强在会上提出采取"以奖促治"方式推进农村环境综合整治。为落实会议精神，国家设立了农村环保专项资金，并密集出台了一系列配套文件，包括《关于实行"以奖促治"加快解决突出的农村环境问题实施方案的通知》（国办发〔2009〕11号）、《中央农村环境保护专项资金管理暂行办法》（财建〔2009〕165号）、《关于深化"以奖促治"工作促进农村生态文明建设的指导意见》（环发〔2010〕59号）、《"十三五"生态环境保护规划》（国发〔2016〕65号）、《农村人居环境整治三年行动方案》（2018年2月）等。全国农村生活污水治理能力逐年加强，大量污水处理设施建成，农村生活污水处理率由

2006 年的 1% 增长到 2014 年的 10%。

2015 年至今为快速发展阶段，相关政策、机制不断完善，大规模推进了全国的农村生活污水处理设施建设。2015 年，国务院印发《水污染防治行动计划》（简称“水十条”），配套政策文件也先后出台，明确提出“加快农村环境综合整治。以县级行政区域为单元，实行农村污水处理统一规划、统一建设、统一管理，有条件的地区积极推进城镇污水处理设施和服务向农村延伸。深化‘以奖促治’政策……推进农村环境连片整治。到 2020 年，新增完成环境综合整治的建制村 13 万个”。2017 年，环境保护部、财政部联合印发《全国农村环境综合整治“十三五”规划》，明确“到 2020 年，新增完成环境综合整治的建制村 13 万个”的目标任务和实施路径。2018 年，《中华人民共和国水污染防治法》修订实施，其中第五十二条提出“国家支持农村污水、垃圾处理设施的建设，推进农村污水、垃圾集中处理……地方各级人民政府应当统筹规划建设农村污水、垃圾处理设施，并保障其正常运行”。同年，中共中央办公厅、国务院办公厅发布《农村人居环境整治三年行动方案》，提出“梯次推进农村生活污水治理”；生态环境部联合农业农村部印发《农业农村污染治理攻坚战行动计划》，将农村环境整治、农村生活污水治理作为重点任务组织实施。2019 年，中央农村工作领导小组办公室、生态环境部等九部委联合发布了《关于推进农村生活污水治理的指导意见》，指出农村生活污水治理是农村人居环境整治的关键环节和短板，目前农村生活污水治理工作虽取得了一定成效，但还需持续推进，加快建设美丽乡村。2021 年，中共中央办公厅、国务院办公厅联合印发《农村人居环境整治提升五年行动方案（2021—2025 年）》，要求各地“到 2025 年，农村人居环境显著改善；农村生活污水治理率不断提升，乱倒乱排得到管控”。

“十三五”以来，中央财政累计安排农村环境整治资金 258 亿元，带动地方财政和村镇自筹资金近 700 亿元，建成农村生活污水治理设施 50 余万套，新增完成 12.5 万个建制村环境整治。在上述政策和措施的推动下，我国农村生活污水处理率快速提升，2016 年为 22%、2021 年为 28%、2025 年的目标为 40%。

1.3 农村污水处理设施排放要求不断完善

水污染物排放标准是水环境管理的重要依据，也是影响农村污水处理设施运维管理成本与难易的关键因素。我国少数省（区）较早建立了农村污水排放标准（宁夏回族自治区，2011 年；河北省、浙江省，2015 年；江苏省、重庆市、陕西省，2018 年），但由于全国各地农村问题的复杂性，全国尚未建立统一的农村污水排放标准。2018 年 9 月，生态环境部、住房和城乡建设部联合发布了《关于加快制定地方农村生活污水处理排放标准的通知》（环办水体函〔2018〕1083 号），要求各省（区、市）按照自身实际情况加快制定农村污水处理排放标准。2019 年 4 月，为进一步推动并规范排放标准制定工作的具体落实，生态环境部发布《农村生活污水处理设施水污染物排放控制规范编制工作指南（试行）》（环办土壤函〔2019〕403 号），明确了排放标准的适用范围、分类分级、控制指标确定、污染物排放控制要求、监测要求、实施与监督等内容。

在上述文件的推动下，2018 年以后全国各省（区、市）的农村生活污水处理设施水污染物排放标准陆续发布实施，河北省、江苏省、浙江省、重庆市、宁夏回族自治区对原有标准进行了修订，各省（区、市）现行农村生活污水处理设施水污染物排放标准如表 1-1 所示。除个别省（区、市）外，绝大多数省（区、市）都对化学需氧量、悬浮物、氨氮、总氮、总磷和动植物油等污染物指标做出了要求（表 1-2），有些省（区、市）还规定了 BOD_5、粪大肠菌群、阴离子表面活性剂等指标。另外，所有省（区、市）pH 限值均为 6~9。各省（区、市）根据农村生活污水处理排放去向和处理设施规模进行标准分级，不同的省（区、市）分级方式不同，最多分为 3 级，每个级别又细分为 1~2 档，最多划分为 3 级 5 档（如北京市）。一些省（区、市）（如北京、安徽、江西、湖北、云南等）对于处理规模小于 5 m^3/d 的农村生活污水设施做出单独规定，要求执行地方标准最低标准；浙江省对设计规模 $> 5\ m^3/d$ 和 $\leq 5\ m^3/d$ 的处理设施分别制定了排放标准。考虑到冬季低温对生化效果的影响，很多省（区、市）对水温 ≤ 12℃时的氮磷排放限值进行了单独规定。污染物排放标准实施后，各地的农村生活污水处理设施排放监管有了依据，因此对处理设施运维管理工作的要求不断提高。

表1-1　全国各省（区、市）现行农村生活污水处理设施水污染物排放标准

地　区	标准名	标准号
北　京	《农村生活污水处理设施水污染物排放标准》	DB11/1612—2019
天　津	《农村生活污水处理设施水污染物排放标准》	DB12/889—2019
河　北	《农村生活污水排放标准》	DB13/2171—2020
山　西	《农村生活污水处理设施污染物排放标准》	DB14/726—2019
内蒙古	《农村生活污水处理设施污染物排放标准（试行）》	DBHJ/001—2020
辽　宁	《农村生活污水处理设施水污染物排放标准》	DB21/3176—2019
吉　林	《农村生活污水处理设施水污染物排放标准》	DB22/3094—2020
黑龙江	《农村生活污水处理设施水污染物排放标准》	DB23/2456—2019
上　海	《农村生活污水处理设施水污染物排放标准》	DB31/T 1163—2019
江　苏	《农村生活污水处理设施水污染物排放标准》	DB32/3462—2020
浙　江	《农村生活污水集中处理设施水污染物排放标准》	DB33/973—2021
	《农村生活污水户用处理设备水污染物排放要求》	DB33/T 2377—2021
安　徽	《农村生活污水处理设施水污染物排放标准》	DB34/3527—2019
福　建	《农村生活污水处理设施水污染物排放标准》	DB35/1869—2019
江　西	《农村生活污水处理设施水污染物排放标准》	DB36/1102—2019
山　东	《农村生活污水处理处置设施水污染物排放标准》	DB37/3693—2019
河　南	《农村生活污水处理设施水污染物排放标准》	DB41/1820—2019
湖　北	《农村生活污水处理设施水污染物排放标准》	DB42/1537—2019
湖　南	《农村生活污水处理设施水污染物排放标准》	DB43/1665—2019
广　东	《农村生活污水处理排放标准》	DB44/2208—2019
广　西	《农村生活污水处理设施水污染物排放标准》	DB45/2413—2021
海　南	《农村生活污水处理设施水污染物排放标准》	DB46/483—2019
重　庆	《农村生活污水集中处理设施污染物排放标准》	DB50/848—2021
四　川	《农村生活污水处理设施水污染物排放标准》	DB51/2626—2019
贵　州	《农村生活污水处理水污染物排放标准》	DB52/1424—2019
云　南	《农村生活污水设施水污染物排放标准》	DB53/T 953—2019
西　藏	《农村生活污水处理设施水污染物排放标准》	DB54/T 0182—2019
陕　西	《农村生活污水处理设施水污染物排放标准》	DB61/1227—2018
甘　肃	《农村生活污水处理设施水污染物排放标准》	DB62/T 4014—2019
青　海	《农村生活污水处理排放标准》	DB63/T 1777—2020
宁　夏	《农村生活污水处理设施水污染物排放标准》	DB64/700—2020
新　疆	《农村生活污水处理排放标准》	DB65/4275—2019

表1-2 各省(区、市)农村生活污水处理设施水污染物排放标准指标比较

地区	化学需氧量(COD)			悬浮物(SS)			氨氮(NH_3-N)	
	一级	二级	三级	一级	二级	三级	一级	二级
北京	30	50~60	100	15	20	30	1.5~2.5	5(8)~8(15)
天津	50	60	—	20	20	—	5(8)	8(15)
河北	50	60	100	10	20	30	5(8)	8(15)
山西	50	60	80	20	30	50	5(8)	8(15)
内蒙古	60	100	120	20	30	50	8(15)	15
辽宁	60	100	120	20	30	50	8(15)	25(30)
吉林	60	100	120	20	30	50	8(15)	25(30)
黑龙江	60	100	120	20	30	50	8(15)	25(30)
上海	50	60	—	10	20	—	8	15
江苏	50	60	100	10	20	30	5(8)	8(15)
浙江	60	100	—	20	30	—	8(15)	25(15)
安徽	50	60	100	20	30	50	8(15)	15(25)
福建	60	100	120	20	30	50	8	15(25)
江西	60	100	120	20	30	50	8(15)	25(30)
山东	60	100	—	20	30	—	8(15)	15(30)
河南	60	80	100	20	30	50	8(15)	15(20)
湖北	60	100	120	20	30	50	8(15)	8(15)
湖南	60	100	120	20	30	50	8(15)	25(30)
广东	60	70	100	20	30	50	8(15)	15
广西	60	100	120	20	30	50	8(15)	25(30)
海南	60	80	120	20	30	60	8	20
重庆	60	100	120	20	30	50	8(15)	15(30)
四川	60	80	100	20	30	40	8(15)	15
贵州	60	100	120	20	30	50	8(15)	15
云南	60	100	120	20	30	50	8(15)	15(20)
西藏	60	100	200	20	30	50	15(20)	20(25)
陕西	60	80	150	20	20	30	15	15
甘肃	60	100	120~200	20	30	50~100	8(15)	15(25)
青海	60	80	120	15	20	30	8(10)	8(15)
宁夏	60	120	150~200	20	50	80~100	8(15)	25(30)
新疆	20	25	30	60	60	100	8(15)	8(15)

参考:王昶,王力,曾明,等.我国农村生活污水治理的现状分析和对策探究[J].农业资源与环境学报,2022(2):283-292。表中内容有更新。注:括号外数值为水温＞12℃时的控制指标,括号内数值为水温≤12℃

单位（mg/L）

氨氮(NH_3-N)	总氮（TN）			总磷（TP）			动植物油		
三级	一级	二级	三级	一级	二级	三级	一级	二级	三级
25	15~20	—	—	0.3~0.5	0.5	1	0.5	1	3
—	20	—	—	1	2	—	3	5	—
15	15	20	30	0.5	1	3	1	3	5
15(20)	20	30	—	1.5	3	—	3	5	10
25(30)	20	—	—	1.5	3	5	—	—	—
25(30)	20	—	—	2	3	—	3	5	10
25(30)	20	35	35	1	3	5	3	5	20
15	20	35	35	1	3	5	3	5	20
—	15	25	—	1	2	—	1	5	—
25(30)	20	30	—	1	3	—	1	5	5
—	20	—	—	2(1)	3(2)	—	3	5	—
25(30)	20	30	—	1	3	—	3	5	5
15(25)	20	—	—	1	3	—	3	5	5
25(30)	20	—	—	1	3	—	3	5	—
—	20	—	—	1.5	—	—	5	10	—
20(25)	20	—	—	1	2	—	3	5	5
25(30)	20	25	—	1	3	—	3	5	10
25(30)	20	—	—	1	3	3	3	5	5
25	20	—	—	1	—	—	3	5	5
—	20	20	—	1.5	3	5	3	5	20
25	20	—	—	1	3	—	3	5	20
15(25)	20	—	—	2	3	4	3	5	10
25	20	—	—	1.5	3	4	3	5	10
25	20	30	—	2	3	—	3	5	10
15(20)	20	—	—	1	1	3	3	5	20
—	—	—	—	2	3	—	3	5	—
—	20	—	—	2	2	3	5	5	10
25(30)	20	—	—	2	3	—	3	5	15
10(15)	20	—	—	1.5	3	5	3	5	15
—	20	—	—	1	2	—	—	—	—
25(30)	20	—	—	—	—	—	3	5	5

时的控制指标，pH 限值都为 6~9。北京、甘肃、宁夏还有细分，详见具体的地方标准，另外，浙江省还有专门的户用处理设备排放标准（DB33/T 2377-2021）。

第2章

我国农村生活污水处理设施的运维监管情况

农村生活污水处理设施处理规模小、分布散、工艺杂，且水质水量波动大、运维费用有限、专业人员不足，大量设施建成以后运维监管难度很大。我国从“十三五”时期开始重视农村生活污水处理设施的运维监管，各地陆续着手建立运维监管制度，更有少数省（区、市）尝试利用物联网技术提高对处理设施的运维监管效率。其中浙江省走在全国前列，从 2003 年“千村示范，万村整治”工程开始治理农村污水，迄今已逐步建立较为完善的运维监管体系。本章梳理了农村生活污水运维监管的技术难点，总结了我国农村生活污水处理设施运维管理的发展现状，回顾了浙江省农村生活污水处理设施运维监管的发展历程及其体系形成过程，以期为后续的操作学习做好铺垫。

2.1 农村污水处理设施运维监管难点

农村生活污水处理设施作为农村生活污水治理的主要形式，具有规模小、数量多、分布散、工艺杂等特点，大量设施建成后长效运维管理存在诸多困难，从而给设施长期稳定运行带来难度。农村生活污水处理设施运维监管上存在的主要问题（图 2-1）如下。

（1）设施稳定运行的影响因素复杂，进水的水质水量波动大。对于单个污水设施来说，由于人口基数小、变动大，因此设施进水的水量与水质在不同时间段波动很大；另外还可能混入农产品季节性加工、农家乐、民宿、畜

禽养殖、家庭作坊等排水，给污水处理系统带来较大冲击负荷。因此，在进入运维前，应对污水来源的现状和处理工艺的技术特点、处理能力等进行充分了解，必要时进行适当整改；运维过程中对于冲击负荷较大的站点要加强关注。

（2）设施运维费用有限，专业人员不足。农村生活污水处理设施数量多、分布散，客观上需要对设施运维投入较高的交通成本和人力成本，并配备较多的专业技术人员。特别是近几年农村排放标准和征地成本提高后，使用有动力设施的比例越来越高，设施稳定运行对专业化运维的依赖进一步增加。但事实上，目前我国大部分地区极度缺乏专业管理和技术人员，可承担设施运维费用的能力也十分有限。农村地区运维人员专业化水平不高、设施监管效率低下、发现和解决问题滞后，亟须通过智慧化转型，为提高设施运维监管效率、促进各方落实主体责任提供有力抓手。

（3）运维管理经验不足，缺少体制机制保障。农村生活污水处理设施的规模化运维监管工作在我国刚刚起步，国外缺少相似案例可供参考。全国绝大多数省份尚未建立完善的运维管理政策体系，相关标准极其缺乏，较多地方套用城镇污水处理技术模式和运维管理经验，但容易出现“水土不服”，导致治理技术、建设质量和效果都得不到保证。需要深入开展试点研究，因地制宜探索运维管理技术规范与技术模式，并通过完善标准体系和管理体系增强对运维管理的长效保障。

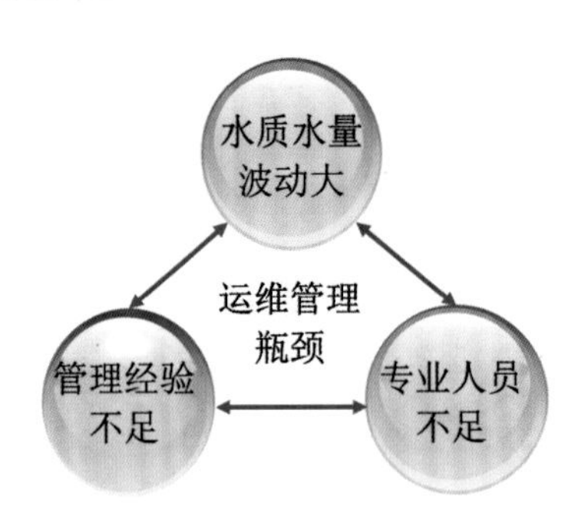

图2-1　运维管理三大瓶颈

2.2 我国农村污水处理设施运维管理发展概况

“十三五”时期以来，我国对农村污水治理高度重视，从政策层面不断给予支持，同时财政投入持续增加。全国农村生活污水处理设施不断完善，农村生活污水处理率从 2016 年的 22% 快速提升至 2021 年的 28%，处理设施数量超过 50 万套。有行业报告估计到 2025 年，农村生活污水处理市场将达到 1000 亿元，2035 年有望超过 2000 亿元。

大量处理设施建成后，其运维管理对于保障处理设施长期稳定运行至关重要。近年来我国不断发布政策推动农村生活污水处理设施的长效运维管理，上海、浙江等 13 个省（区、市）陆续发布运行维护管理办法（表 2-1），还有一些省份的运行维护管理办法正在征求意见。

表2-1 各地处理设施运维管理相关办法

地区	发布单位	办法名称	发布年份
天津	天津市生态环境局、市发改委等 5 部门	《天津市农村生活污水处理设施运行维护管理办法》	2020
山西	山西省生态环境厅、省发展和改革委员会、省财政厅、省农业农村厅	《山西省农村生活污水处理设施运行管理办法（试行）》	2020
辽宁	辽宁省生态环境厅、省财政厅、省农业农村厅	《辽宁省农村生活污水处理设施运行维护管理办法（试行）》	2020
上海	上海市水务局	《上海市农村生活污水处理设施运行维护管理办法（试行）》	2018
江苏	江苏省生态环境厅	《江苏省农村生活污水处理设施运行维护管理办法（征求意见稿）》	2022
浙江	浙江省住房和城乡建设厅、浙江省环境保护厅、浙江省财政厅等	《浙江省农村生活污水治理设施运行维护管理工作考核办法（试行）》	2018
	浙江省人民政府办公厅	《浙江省农村生活污水治理设施运行维护管理工作实施方案（试行）》	2015
山东	山东省生态环境厅、省住房和城乡建设厅、省农业农村厅、省财政厅	《山东省农村生活污水处理设施运行维护暂行管理办法》	2022

续表

地　区	发布单位	办法名称	发布年份
河　南	河南省生态环境厅、省农业农村厅、省发展和改革委员会、省财政厅、省住房和城乡建设厅、省自然资源厅	《河南省农村生活污水处理设施运行维护管理办法（试行）》	2021
湖　北	湖北省生态环境厅	《湖北省农村生活污水处理设施运行维护管理办法（试行）》	2021
湖　南	湖南省住房和城乡建设厅	《湖南省县以上城市生活污水处理厂运行管理评价管理办法》	2022
广　西	广西壮族自治区生态环境厅	《广西农村生活污水处理设施运行维护管理办法（试行）》	2020
重　庆	重庆市生态环境局	《重庆市农村生活污水处理设施运营管理办法（征求意见稿）》	2021
四　川	四川省生态环境厅	《四川省农村生活污水处理设施运行维护管理办法（试行）》	2021
贵　州	贵州省生态环境厅	《贵州省农村生活污水处理设施运行维护管理办法（试行）（征求意见稿）》	2022
云　南	云南省生态环境厅	《云南省农村生活污水处理设施运行维护管理办法（试行）》	2021
宁　夏	宁夏回族自治区生态环境厅	《宁夏农村生活污水处理设施运行维护管理办法（试行）（征求意见稿）》	2022

现阶段针对农村生活污水处理设施的运维管理，全国尚未形成统一的标准。一些省（区、市）发布了与运维管理相关的地方标准。例如，宁夏回族自治区发布了《农村生活污水处理设施运行操作规范》（DB64/T 869—2013），江西省发布了《农村生活污水治理设施运行维护技术指南（试行）》（DB36/T 1447—2021），甘肃省发布了《农村生活污水治理设施运行维护指南》（T/GSSES 002—2021）。

此外，各地在推动农村污水治理工作的过程中，逐渐意识到规划设计和建设施工等对后续运维管理的重要影响，因此在处理设施的设计、建设、验收和监督评价方面，全国陆续发布了 4 项国家标准、4 项行业标准以及 1 项指南（表 2-2）。

《农村生活污水处理工程技术标准》（GB/T 51347—2019）对全国处理

设施的设计建设提出了基本要求，各省（区、市）进一步根据自身特点对要求进行了细化。例如，浙江省出台了《农村生活污水处理设施建设和改造技术规程》（DB33/T 1199—2020），江西省出台了《农村生活污水收集设施建设技术指南（试行）》（DB36/T 1445—2021），江西省出台了《农村生活污水处理工程施工与竣工验收技术指南（试行）》（DB36/T 1444—2021）等。

《农村生活污水处理设施运行效果评价技术要求》（GB/T 40201—2021）对全国处理设施运行效果的评价指标、评价方法和评价报告提出了基本要求，有些省份随之陆续发布了细化的监督评价标准。例如，浙江省发布了《农村生活污水处理设施标准化运维评价标准》（DB33/T 1212—2020），广东省发布了《广东省农村生活污水处理设施运营维护与效能评价标准》（DBJ/T 15—207—2020），安徽省发布了《农村生活污水集中处理设施运营维护及效能评价标准（征求意见稿）》。

表2-2　国家层面的农村生活污水治理标准、指南

涉及内容	名称	发布年份
设计建设	《村庄整治技术规范》（GB/T 50445—2008）	2008
	《农村生活污水处理导则》（GB/T 37071—2018）	2018
	《农村生活污水处理工程技术标准》（GB/T 51347—2019）	2019
	《镇（乡）村排水工程技术规程》（CJJ 124—2008）	2008
	《户用生活污水处理装置》（CJ/T 441—2013）	2013
	《村镇生活污染防治最佳可行技术指南（试行）》（HJ-BAT-9）	2013
	《农村生活污染控制技术规范》（HJ574—2010）	2010
监督评价	《农村生活污水处理设施运行效果评价技术要求》（GB/T 40201—2021）	2021

传统的人工运维管理模式成本高、效率低。智慧化监管模式利用物联网技术对处理设施的运行进行监管，是提高设施运维监管效率、解决农村生活污水处理设施运维监管难题的有效手段，也是促进各方落实主体责任的有效抓手。目前，我国很多地区建立了农村生活污水处理设施运维管理信息平台，通过摄像或者监测风机水泵等电气设备的启停等对处理设施的运行进行

远程监控，一定程度上提高了处理设施的运维监管效率，降低了人力成本。但是由于缺少顶层设计和标准，目前还存在各级主体对平台信息的需求不明确，平台数据信息的获取不准确、不稳定、共享不充分，信息化背后的智慧化功能挖掘不足等问题。浙江省2021年1月发布了《浙江省农村生活污水处理设施在线监测系统技术导则》，江苏省于2021年6月发布了《农村生活污水处理设施物联网管理技术规范》（DB32/T 4042—2021），对运维监管信息平台建设提出了规范化要求，在一定程度上推动了设施运行信息化的发展，但是离智慧化运维监管依然有较大差距。

总体来讲，我国农村生活污水处理设施的运维管理刚刚起步，尚未形成完善的法律体系、标准体系和体制机制作保障。许多农村生活污水处理设施建成后出现了被废弃或闲置的现象。对量大面广的农村生活污水处理设施开展长效运维和高效监管、最大限度发挥其污染治理作用，具有紧迫而现实的社会需求。

2.3 浙江省农村污水处理设施运维管理发展历程

2.3.1 发展历程

浙江是全国最早开展农村生活污水治理的省份。2003年6月，从“千村示范，万村整治”工程开始启动了农村地区生活污水治理。2018年9月，该工程因整治业绩突出荣获联合国“地球卫士奖”中的“激励与行动奖”。2019年9月，浙江省颁布了首个国内农村生活污水相关的地方条例——《浙江省农村生活污水处理设施管理条例》（详见附件1）。“十三五”期间还发布了一系列地方标准，完善了相关保障体系，最终形成了“以地方条例为引领，标准体系作指导，保障体系作支撑”的农村生活污水处理设施运维管理体系。2020年浙江农村生活污水处理设施行政村覆盖率超过91%，跃居全国首位。

浙江省的农村生活污水治理历程可大致分为四个阶段（图2-2）。2003—2013年为处理设施起步建设阶段，开始农村污水治理的实践。2014—2016年进入处理设施规模化建设阶段，建成大量生活污水处理设施。2015年发布《浙江省人民政府办公厅关于加强农村生活污水治理设施运行维护管理的意见》（浙政办发〔2015〕86号）和《浙江省农村生活污水治理设施运行维护管理工作实施方案（试行）》（建村办〔2015〕511号），提出建立农村生活污水处理设施运行维护管理体系，成为全省运维管理行动的依据。2017—2019年启动处理设施的规模化运维管理，提出标准化运维管理。2020年之后为有效提高处理设施运行效果及运维水平，开展了新一轮规模化的处理设施的提升改造，并推动处理设施试行标准化运维管理和信息化监管事业快速发展。2021年，发布《关于进一步加强农村生活污水治理工作的指导意见》（浙建村〔2021〕14号）和《浙江省农村生活污水治理“强基增效双提标”行动方案（2021—2025年）》，提出到2025年底全省“农村生活污水治理行政村覆盖率和出水达标率均达到95%以上，标准化运维实现全面覆盖”的目标。

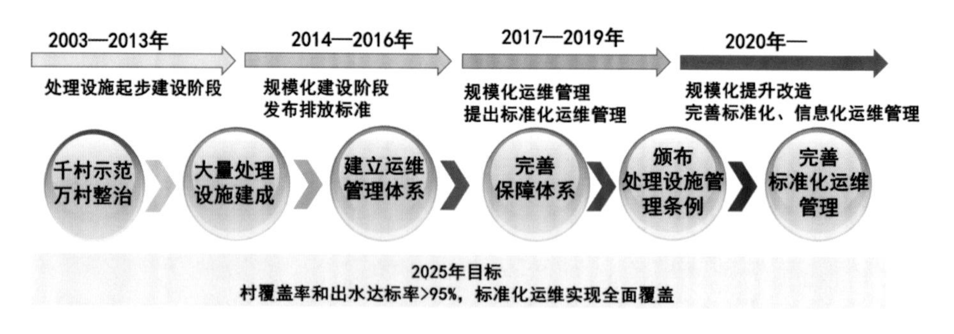

图2-2　浙江省农村生活污水治理发展历程

2.3.2　保障体系

《浙江省农村生活污水处理设施管理条例》划定了农村生活污水处理设施的定义范畴，明确了农户、企业和各级政府部门的职责，规范了处理设施的日常运维工作，确定了处理设施建设、运维工作的资金和土地保障，制定了危及污水处理设施安全活动的相应法律责惩，为农村生活污水处理设施的管理提供了法律依据。同时，在长期运维管理实践中不断开拓创新，逐步建立了一套较为完善、适合浙江省情况的保障体系，重点从“分工、成效、资金、技术、监管”五方面提供保障（图2-3）。

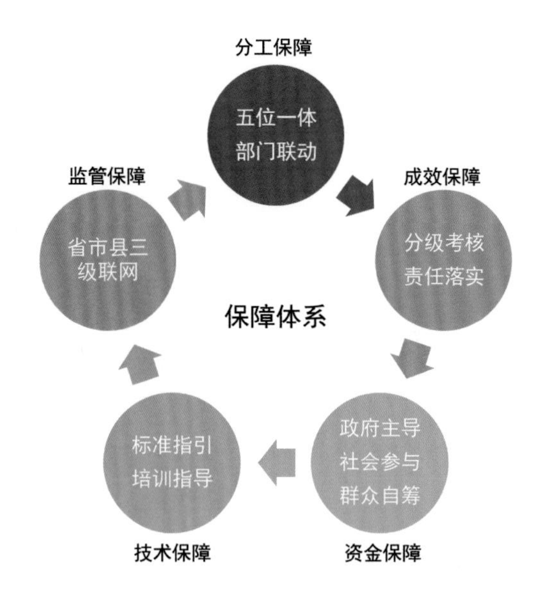

图2-3　浙江省处理设施运维管理保障体系

（1）**分工保障："五位一体、部门联动"**。首先，为了保障各级分工协作做好农村生活污水治理工作，浙江省建立了"五位一体"运维管理体系（图2-4）：县政府作为责任主体，负责规划统筹和督查考核；乡镇（街道）政府作为管理主体，指导、监督行政村和运维单位的具体工作；行政村作为落实主体，对农户开展日常巡查和引导，配合运维单位对处理设施开展异常情况检测、维修和设备更换等，做好设施防盗等保护工作；农户作为受益主体，积极参与配合工作；运维单位作为服务主体，开展具体的运维管理工作。在此基础上，实行多部门联动治理农村生活污水：农业农村部门作为曾承担过处理设施建设的部门，负责处理设施的移交工作；住房和城乡建设部门作为农村生活污水治理的省级主管部门，接手处理设施的主管工作，负责牵头处理设施的规划、建设改造和运维监管；市、县级主管部门由当地人民政府决定，负责该区域处理设施的规划统筹和督查考核；生态环境部门作为监督部门，负责制定污水排放标准和抽查处理设施的污水排放水质与处理效率；省财政厅作为资金保障部门，为处理设施的运维管理提供经费和补贴。此外，处理设施运维管理工作的考核也由污水处理设施主管部门带头实施，四部门配合协调展开。

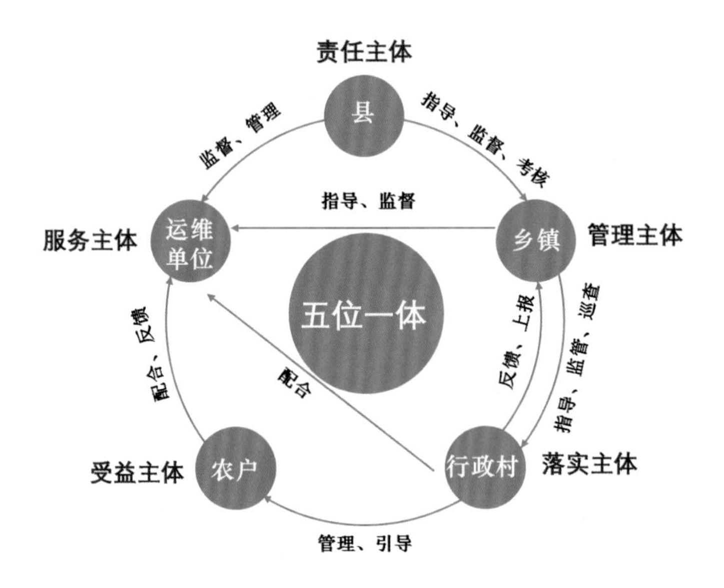

图2-4　浙江省“五位一体”运维管理体系

（2）**成效保障：“分级考核、责任落实”**。为保障处理设施运维管理成效、压实责任，对各级主管部门的管理工作开展考核。《浙江省农村生活污水处理设施管理条例》要求“县级以上人民政府应当加强对农村生活污水治理工作的领导，将污水处理设施管理工作纳入国民经济和社会发展规划，实施目标责任制考核”。目前浙江已形成了省、市、县、镇分级考核机制，由处理设施主管部门负责确定分级考核规则和时间。不同分级对象的考核规则不同，且考核规则随每年工作重点不同而调整变化。一般来说，对县级以上主管部门的考核内容主要包括工作举措（例如考核机制搭建、规划计划制定、资金保障、组织协调等）、工作实效和社会评价；对于镇村的考核内容更侧重于管理队伍的建设、管理机制的建立和日常检查情况等；对于运维单位的考核内容则主要侧重于运维规范性和现场运行实效。考核由省住房和城乡建设厅牵头组织，会同农业农村、生态环境、财政等部门共同完成，考核结果与运维资金奖补挂钩，用以激励各级单位的重视。此外，浙江农村生活污水治理还实行“责任到人”的精细管理。根据浙江省住房和城乡建设厅

2020年发布的《浙江省农村生活污水处理设施“站长制”管理导则》，由县级、镇级、村级站长分别按照每季度1次、每月1次以及每周1次的频率对处理设施实行巡视检查，站长工作被纳入农村污水治理考核。

（3）**资金保障：“政府主导、社会参与、群众自筹”**。农村地区资金缺乏，为保障处理设施运行维护管理工作的顺利进行，相关资金的保障显得极为重要。浙江省坚持“政府主导、社会参与、群众自筹”的资金保障原则，并在《浙江省农村生活污水处理设施管理条例》中规定“各级人民政府应当将污水处理设施管理工作所需经费纳入本级财政预算，重点用于下列事项：制定污水处理设施管理相关标准、规范；公共处理设施建设改造；公共处理设施运行维护；支持污水处理设施建设改造、运行维护的技术、产品研发和推广；组织污水处理设施运行维护知识宣传教育和信息服务。支持企事业单位、社会团体和公众通过投资、捐赠等方式，参与污水处理设施建设改造和运行维护工作”。

（4）**技术保障：“标准指引、培训指导”**。处理设施要想运维管理好，就必须有技术力量作保障。浙江省基于多年的科研探索和产业实践，从技术标准和专业培训两方面着手，为农村污水处理设施的科学运维管理提供技术保障。技术标准方面，政府根据运维管理的实际需求，组织科研院所和运维单位制定地方标准、导则，规范运维管理工作；专业培训方面，政府邀请相关领域的专家定期对运维管理人员进行技术标准、导则解读与政策宣传，加深各级主管部门和运维单位对运维管理工作的理解，引导运维管理工作实现标准化、规范化。形成官、产、学、研、用的相互融合，政府支持运维管理工作，并组织产学研协同合作、相互学习，最终实现标准、政策、技术等的实际应用。

（5）**监管保障：“省市县三级联网”**。利用物联网技术对量多面广的农村生活污水处理设施进行信息化监管，可以提高运维监管效率。浙江从五年前就开始梳理整合省内五万多座处理设施的基础信息和资料，建立了处理设施的信息数据库，最终形成省市县联网的政府运维监管服务系统。县级主管部门通过该运维监管信息系统上报水质检测数据、运维管理数据、考核记录等，实现处理设施的层层信息化监管。另外，运维单位也通常会建立自己的企业运维管理平台（详见第12章）。但目前运维单位还没有完全和政府运维监管服务系统达成数据的互联互通，此部分还需继续完善。

2.3.3 标准体系

农村生活污水处理设施的设计建设、运维监管离不开标准规范的指导。浙江省从2012年起陆续建立包含设计建设、运维管理、出水监管在内的标准规范体系。截至2022年10月，已陆续发布省级标准8部（其中1部已废止、1部被更新），如表2-3所示。

表2-3 浙江省农村生活污水治理相关标准

涉及内容	标准名	标准号	实施情况
设计建设	《农村生活污水处理技术规范》	DB33/T 868—2012	已废止
	《农村生活污水处理设计建设和改造技术规程》	DB33/T 1199—2020	现行
水质监管	《农村生活污水处理设施水污染排放标准》	DB33/973—2015	有更新
	《农村生活污水处理设施污水排入标准》	DB33/T 1196—2020	现行
	《农村生活污水集中处理设施水污染物排放标准》	DB33/973—2021	现行
	《农村生活污水户用处理设备水污染物排放要求》	DB33/T 2377—2021	现行
运维管理	《浙江省农村生活污水处理设施标准化运维评价标准》	DB33/T 1212—2020	现行
	《农村生活污水水质化验室技术规程》	DB33/T 1257—2021	现行

在设计建设方面，浙江省系统总结“十三五”时期设施大规模建设和运维阶段遇到的问题和经验，有针对性地提炼出因地制宜的建设改造对策，编制发布了《农村生活污水处理设施建设和改造技术规程》（DB33/T 1199—2020），主要包括基本规定、设计、施工、验收等内容。与2012年发布、现在已废止的《农村生活污水处理技术规范》（DB33/T 868—2012）相比，该技术规程从农村污水处理设施规模化运维管理的角度，对化粪池、隔油

池、厨房清扫井、接户井等户内处理设施，公共管道、检查井、处理终端等公共处理设施，细化了设计要求，施工及验收规定也更为详细，并附有农村生活污水处理设施实际问题及建议改造方案的对照表。

在水质监管方面，浙江省对处理设施的排入污水和排放污水都做了规定。针对省内农村各种产业经济兴旺、农村污水来源复杂的特点，2020 年发布了《农村生活污水处理设施污水排入标准》（DB33/T 1196—2020），对设计规模大于 5 m^3/d 的农村生活污水处理设施（在浙江称为集中处理设施）的排入污水水质和水量进行规范。标准中规定了可以向处理设施中排入的污水种类（餐饮废水、洗涤污水等）及其水量水质，以及严禁向处理设施中排入的废水种类（如工业污水、养殖场污水、重金属污水和其他有毒有害污水等），避免有毒组分和过高污染负荷进入农村污水处理设施，影响设施的稳定运行。针对处理设施的水污染物排放，浙江早在 2015 年发布实施了《农村生活污水处理设施水污染排放标准》（DB33/973—2015），规定了化学需氧量（COD）、氨氮、总磷、悬浮物（SS）、pH 值、大肠杆菌群数、动植物油等 7 种污染物的最高允许排放浓度，并要求根据设施所处水环境功能地区进行分级管控。2021 年，浙江省对 DB33/973—2015 进行了修订，针对集中处理设施（日处理规模 > 5 m^3/d）和户用处理设备（日处理规模≤ 5 m^3/d）分别制定了水污染物排放标准（DB33/973—2021 和 DB33/T 2377—2021），并在新标准中增加了对总氮的排放要求，以及冬季低温下对氨氮的排放要求。

在运维管理方面，由于农村地区处理设施量多面广、工艺技术多样化、运维管理难度高，亟须对运维单位、运维人员和运维行为进行规范。浙江省 2018 年在《浙江省农村生活污水处理设施标准化运维评价导则》中提出“标准化运维”的概念，2020 年发布了《浙江省农村生活污水处理设施标准化运维评价标准》（DB33/T 1212—2020）。标准中将“标准化运维”定义为“为获得农村生活污水处理设施运行和维护的最佳秩序，对运维服务工作质量和运维单位的内部管理、基本配备所做的规定”，并从管网设施运维、处理终端运维、运维记录、运维人员行为规范、运维服务机构管理、安全管理、评价报告等方面，给出“标准化运维”的具体评价指标和认定流程。

除标准以外，浙江省还发布了 28 项技术导则，作为标准形成之前的技术经验总结与管理要求过渡，如表 2-4 所示。

表2-4 浙江省农村生活污水治理相关技术导则

涉及内容	名称	发布年份	实施情况
统筹规划	《农村生活污水治理设计管理和文件编制导则》	2022	现行
	《浙江省县域农村生活污水治理近期建设规划编制导则》	2021	现行
	《浙江省县域农村生活污水治理专项规划导则（试行）》	2018	现行
监督评价	《浙江省农村生活污水绿色处理设施评价导则》	2022	现行
	《浙江省农村生活污水处理设施标准化运维评价导则》	2018	已废止
	《农村生活污水治理设施出水水质检测与结果评价导则（试行）》	2017	现行
运维管理	《农村生活污水处理设施运维废弃物处理处置导则》	2022	现行
	《浙江省农村生活污水处理设施水质检测导则》	2022	现行
	《浙江省农村生活污水处理设施在线监测系统技术导则》	2021	现行
	《浙江省农村生活污水处理设施全过程管理导则》	2021	现行
	《农村生活污水移动床生物膜反应器处理终端运行维护导则》	2021	现行
	《农村生活污水管控治理导则》	2021	现行
	《浙江省农村生活污水运维常见问题与处理导则》	2020	现行
	《农村生活污水处理设施机电设备维修导则》	2020	现行
	《浙江省农村生活污水处理设施“站长制”管理导则》	2020	现行
	《农村生活污水处理设施运行维护安全生产管理导则》	2020	现行
	《农村生活污水处理设施标志设置导则》	2020	现行
	《农村生活污水管网维护导则》	2019	现行

续表

涉及内容	名称	发布年份	实施情况
运维管理	《农村生活污水生物滤池处理设施运行维护导则》	2019	现行
	《农村生活污水人工湿地处理设施运行维护导则》	2019	现行
	《农村生活污水处理罐运行维护导则（试行）》	2018	现行
	《农村生活污水厌氧－缺氧－好氧（A^2/O）处理终端维护导则》	2018	现行
	《农村生活污水治理设施编码导则（试行）》	2017	现行
	《农村生活污水治理设施第三方运维服务机构管理导则（试行）》	2017	现行
	《浙江省县（市、区）农村生活污水治理设施运行维护管理导则》	2017	现行
	《农村生活污水厌氧处理终端维护导则（试行）》	2017	现行
	《农村生活污水厌氧－好氧（A/O）处理终端维护导则（试行）》	2017	现行
	《农村生活污水治理设施运行维护技术导则（试行）》	2016	现行

此外，浙江省还印发了《农村生活污水处理设施运行维护单位基本条件》《浙江省农村生活污水处理设施运行维护费用指导价格指南（试行）》《浙江省农村生活污水处理设施运行维护服务合同》等规范性文件，对运维单位从事运维工作的基本条件、运维费用估算、运维服务合同等进行了规范。

第3章

农村生活污水处理基本知识

农村生活污水不同于城市污水，其排水水量、水质及其变化规律受生活习惯、经济条件、自然条件等多重因素的影响，全国各地有很大差别，污水收集和处理方式也与城市污水有很大不同。因此，在开展一个地区的设施运维管理工作以前，运维人员首先要对当地农村生活污水的水质特征、排放特点、收集方式与处理方式进行充分调研。本章介绍了农村生活污水的定义、水质特点、排放特点和处理方式，以及农村生活污水收集处理的整体流程和主要相关概念，以便在运维管理人员脑中形成一个整体的概念，促进后续运维管理工作的统筹开展。

3.1 农村生活污水的定义

在《农村生活污水处理工程技术标准》（GB/T 51347—2019）中，农村生活污水被定义为：农村居民生活产生的污水，包括厕所污水和生活杂排水。厕所污水为人排泄及冲洗粪便产生的高浓度生活污水，也称为黑水；生活杂排水为农村居民家庭厨房、洗衣、清洁和洗浴产生的污水，也称为灰水。这也是国内外对农村生活污水最普遍的定义。

农村地区除居民生活产生污水外，往往还存在一些理发、餐饮等日常生活所必需的经营活动，这些经营活动产生的污水为便于集中处理和管理，在有些省份也被纳入了广义农村生活污水范畴。例如，《浙江省农村生活污水处理设施管理条例》和《农村生活污水集中处理设施水污染物排放标准》

（DB33/973—2021）都把农村生活污水定义为：日常生活以及从事农村公益事业、公众服务和民宿、餐饮、洗涤、美容美发等经营活动所产生的污水。

3.2 农村生活污水的水质特征

受生活习惯、经济条件、自然条件等多重因素的影响，全国各地农村生活污水水质有很大差别。国家标准（GB/T 51347—2019）和浙江省标准（DB33/T 1199—2020）给出的农村生活污水常见水质指标参考范围如表3-1所示。

表3-1 农村生活污水水质参考值

指标	国家标准 GB/T 51347—2019	浙江省标准 DB33/T 1199—2020
COD/（mg/L）	150~400	200~400
BOD_5/（mg/L）	100~200	/
氨氮/（mg/L）	20~40	30~50
TN/（mg/L）	20~50	40~60
TP/（mg/L）	2.0~7.0	1.5~7.0
SS/（mg/L）	100~200	100~200
pH	6.5~8.5	6.5~8.5

3.3 农村生活污水的排放特点

农村生活污水水量、水质变化大，是影响处理设施运行稳定性的最主要因素。我国幅员辽阔，不同地区之间农村生活污水的水量、水质和排放规律等存在很大差别，而这些差别又与设施的运行、维护和管理密切相关。因此，在开展运维工作前，充分了解相关区域的农村生活污水排放特征非常必要。

农村人均用水量和生活污水排放量受村庄条件、用水习惯等多种因素的影响。例如有水冲厕所、有淋浴设施的村庄人均日用水量较大，可达100~180 L/（人·日），而没有水冲厕所和淋浴设施的村庄则人均日用水量较小，仅为40~60 L/（人·日），如表3-2所示。南方农村居民生活污水量通常比北方更多，人口较多的村镇一般污水量也较多，南北方村镇居民每日人均生活污水量参考值如表 3-3 所示。

另外，一般情况下，农村生活污水分时段排放特征明显，一天中在早晨（早饭前后）、中午（午饭前后）、晚上（晚餐前后）排放量较大，其余时间则排放量很小；季节性变化明显，受洗浴增加等影响，夏季污水排放量普遍高于冬季。

表3-2 农村居民日均用水量参考值

单位：L/（人·日）

村庄条件	用水量
有水冲厕所，有淋浴设施	100~180
有水冲厕所，无淋浴设施	60~120
无水冲厕所，有淋浴设施	50~80
无水冲厕所，无淋浴设施	40~60
排放系数可取用水量的 40%~80%	

参考 GB/T 51347—2019。

表3-3 南北方村镇居民每日人均生活污水量比较

单位：L/（人·日）

人口规模	黑水	灰水		生活污水（黑水、灰水的混合水）
		南方	北方	
村庄（人口≤ 5000 人）	20	45~110	35~80	80
村镇（人口 5000~10000 人）	30	85~160	70~125	100

参考 HJ-BAT-9。

3.4 农村生活污水的处理方式

农村生活污水治理讲究因地制宜，宜根据农村所处的位置、人口规模、密集程度、地形地貌、排水特点、排放要求以及经济能力，选择最符合实际情况的收集和处理模式。目前，农村生活污水的处理方式主要包括纳管式处理、集中式处理和分散式处理三种。

纳管式处理是将村庄污水经污水支管收集后直接纳入城镇污水管网，由城镇污水处理厂统一处理的方式。这种方式适合距离城镇污水处理厂以及市政污水管网近（一般5 km以内）、符合高程接入要求且具备施工条件的农村地区。纳管后的污水由城镇污水处理厂统一处理，具有治污效果好、运行稳定、管理便捷等特点，但其污水管网的建设受到地形条件的制约。

集中式处理是指建设配套污水管网收集系统，将村庄或一定范围内农户的污水收集后就近接入农村生活污水处理设施的处理方式。该方式主要适用于布局相对密集、规模较大且具有一定人口数量的中心村、集居区或连片分布自然村的污水处理，其处理设施设计日处理规模大于5 m^3/d。集中式处理具有统一收集、集中处理的特点，管网建设受地形条件限制相对较小，缺点是管网投资较大，运维成本较高。

分散式处理又可称为分户式处理，即单户或多户的污水进行就地处理的方式。该方式主要适用于人口规模小、居住分散、地形复杂的农村地区的污水处理，日处理能力一般在5 m^3/d及以下。分散式处理具有管网资金投入少、建设方式灵活、就近收集就地处理的特点，缺点是处理出水水质不如纳管式处理和集中式处理优质稳定，且设备因规模小、分布散而运维监管难度提高。

3.5 农村生活污水的收集和处理过程

农村生活污水处理通常包括污水收集、输送、处理和排放等环节。GB/T 51347—2019把对农村生活污水进行处理的构筑物（设备）、配套管网和辅助设施统称为农村生活污水处理设施。农村生活污水处理设施由户内处理设施和公共处理设施两部分组成，两者以接户井为界。户内处理设施指的是农村生活污水处理设施中接户井前对生活污水进行收集和处理的设施，包括户内化粪池、隔油池、污水管道等。公共处理设施指的是农村生活污水处理设施中接户井及以外的生活污水收集和处理设施，包括接户井、污水管道、检查井、处理终端等（表3-4）。农户产生的生活污水经户内收集管道收集，由接户井进入公共管道系统，再在管网和泵站的输送下依次进入预处理单元、生物处理与生态处理单元，需要深度处理的再进入深度处理单元，最后进行达标排放或综合利用（图3-1）。

表3-4 农村生活污水处理设施相关术语

全称	相关设施	定义	包含设施		定义或解释	详细章节
农村生活污水处理设施	户内处理设施	农村生活污水处理设施中接户井前的对生活污水进行收集和处理的设施。包括厨房清扫井、户内化粪池、隔油池、污水管道等	化粪池		用于接收厕所粪污，并对其进行过滤、沉淀、厌氧消化的设施	5.1
			隔油池		用于接收厨房污水的设施，可进行油水分离	
			清扫井		一种污水井，用于过滤厨房污水中的固体杂物	
			接户管		建设于农户房屋周围，连接其引入管和排出管的管道	
	公共处理设施	农村生活污水处理设施中接户井及以外的生活污水收集、处理的设施。包括接户井、污水管道、检查井、处理终端等	接户井		用于汇集单户农村生活污水，连接户内处理设施和公共处理设施的多功能检查井。属于公共处理设施，具有沉砂、拦渣或隔油等功能	5.2
			公共管道系统	检查井	设在管道交汇或转弯处，用于检查及维修的污水井	5.3.1
				公共管道	与公共处理设施相关的所有污水管道的总称	5.3.2
				提升设施	一般指泵站，包括水泵、泵站电控柜、液位控制系统等设施	5.3.3
			处理终端		对农村生活污水进行末端处理的预处理设施、主体处理设施和附属设施的总称	第5至10章

大部分定义参考 DB33/T 1199—2020。

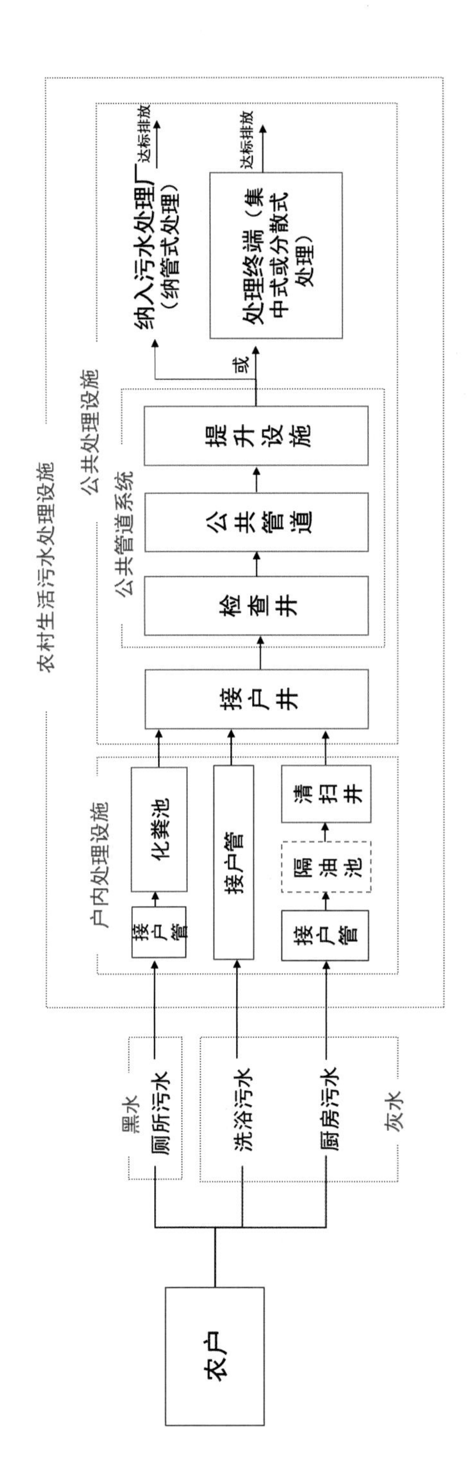

图3-1　农村生活污水收集和处理流程

一般来讲，户内处理设施不属于公共范围，其运行维护的主体通常为使用的农户。为方便检修，户内处理设施的设计很重要，根据不同生活污水来源应采取不同的户内收集和处理方式。例如，厕所污水含污染物浓度较高，悬浮物也多，应先接入化粪池进行预处理后，再接入接户井；厨房污水含油和食物残渣多，易堵塞管道，应先接入清扫井，再接入接户井，有经营活动污水时清扫井前端还应加隔油池；洗浴污水及洗涤污水浓度较低，基本不含悬浮物，可以直接接入接户井，但是有美容美发经营活动污水时应在接户井前加毛发聚集井（器）。

另外，有些农村地区人口较多、经济比较发达，农村地区可能产生较多的经营活动污水。这些经营活动污水通常需要额外建设处理设施，在处理达标后排放，不过在获得当地管理部门允许的情况下，也可以把污水预处理到符合要求后排入集中处理终端统一处理。

第4章

农村生活污水处理设施运维管理内容及流程

农村生活污水处理设施三分靠建，七分靠管。运维管理是保障农村生活污水处理设施长效运行的关键。我国的农村生活污水治理尚处于初期阶段，针对如何开展设施的规范化运维管理尚未出台统一标准，也未形成成熟的体制机制。浙江省通过“十二五”期间的规模化建设和“十三五”期间的规模化运维，初步形成了“以立法为基础，标准体系作指导，管理体系作保障”的农村生活污水治理监管体系，并在实践中积累了较多运维管理经验。本章以浙江经验为基础，简要介绍农村生活污水处理设施运维管理的主要内容、前期准备、工作流程和记录要求，旨在帮助读者对运维管理工作有整体的了解。

4.1　运维管理的主要内容

农村污水处理设施的运维管理主要包括巡检、养护、维修、大修、应急处理、信息化管理、水质检测六大类内容。

（1）巡检

巡检又称巡视和检查，巡视处理设施外观及运行状态是否异常，并对其进行记录、汇总、上报；检查处理设施的运维过程，通过专业的判断，确定其对通用或特定要求的符合性。

（2）养护

养护是指清理、保养处理设施及相关设备等。

（2）维修

对处理设施或相关设备进行修理、更换。

（3）大修

不属于处理设施日常维修范围内，以恢复处理设施正常功能为目的所做的维修。

（4）应急处理

面对突发事件如设施故障、自然灾害、人员受伤等的应急指挥、管理、救援等。

（5）信息化管理

信息化管理是指依托传感器和计算机、物联网等技术手段对农村污水处理设施和设备的运行实施远程监控，并充分发挥网络化、信息化和可视化在运维决策管理等方面的重要作用，大幅提高农村生活污水处理设施运维监管效率的方法。信息化管理需要通过运维管理平台实现，运维管理平台的运维通常包括对相关设备、网络及信息系统、服务器、展示屏幕等的维护。

（6）水质检测

运维单位需要按要求定期对处理设施的进出水水质进行检测，对水质异常情况进行分析并及时采取对策。

4.2 运维管理的前期准备

4.2.1 运维单位条件建设

农村生活污水处理设施的运维管理是一项专业性和系统性很强的工作。在开始进行运维工作之前，运维单位应确认自身具备当地政府要求的基本条件。例如在浙江，运维单位需要根据拟运维项目的规模，确认自身在人员情况、硬件配备、以往业绩、管理体系建设、服务站点设置情况等方面满足浙建〔2020〕4号文件规定的农村生活污水处理设施运行维护单位基本条件（图4-1）。

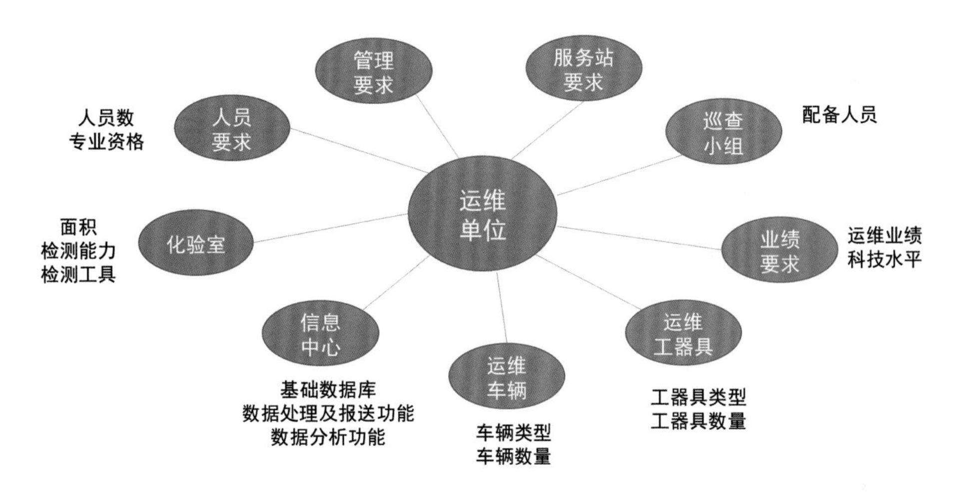

图4-1　浙建〔2020〕4号文件规定的运维单位基本条件

此外，运维单位应建立一套完整的内部管理体系。根据浙江省《农村生活污水处理设施标准化运维评价标准》（DB33/T 1212—2020），内部管理体系应包括运维中心管理制度、现场管理制度、岗位操作规程、应急管理制度、车辆管理制度、化验室管理制度、仓库管理制度、内部考核管理制度、异常情况信息上报制度等（表 4-1）。各运维单位根据自身情况，应不断健全完善运维基本条件及内部管理制度体系。

表4-1　运维单位内部管理体系

	制度名称	主要内容
运维单位内部管理体系	运维中心管理制度	监控中心职责及管理构架 监控中心人员职责规范 监控中心设备管理 网络运行管理 硬件故障处理 现场异常情况处理 监管情况汇报 值班管理 值班日志记录规范 卫生管理规范
	运维人员管理制度	运维人员招聘及管理 协议签订及福利待遇

续表

	制度名称	主要内容
运维单位内部管理体系	档案资料管理制度	档案管理机构职责 档案资料的保存及借阅
	现场管理制度	现场考勤 现场文明施工 现场临时用电
	岗位操作规程	巡检养护人员岗位操作规范 水电维修人员岗位操作规范
	应急管理制度	恶劣天气应急处理制度 水质、水量异常的应急处理制度
	车辆管理制度	车辆外借、使用制度 车辆维修保养制度 车辆保险、违章与事故处理制度
	化验室管理制度	人员要求、安全管理、危废管理 仪器设备使用及管理制度 药品试剂管理制度 卫生管理制度 一般伤害处理 样品采集与检测方法、结果报告及数据分析
	仓库管理制度	仓库管理人员工作职责 入库及出库作业规定及安全作业制度
	内部考核管理制度	考核方法、内容、流程及评分标准
	异常情况信息上报制度	异常情况发生时间、地点、说明、原因分析、解决方法、处理结果

4.2.2 处理设施档案资料收集

拥有完整的农村生活污水处理设施档案资料是对其进行科学运维的前提和基础。运维管理工作开展前，运维单位应尽量把处理设施的设计/施工/竣工验收材料、运维台账、维修记录、大修记录等相关资料收集齐全（图4-2），并认真查看，掌握设施基本情况，具体可参照《浙江省农村生活污水处理设施全过程管理导则》。

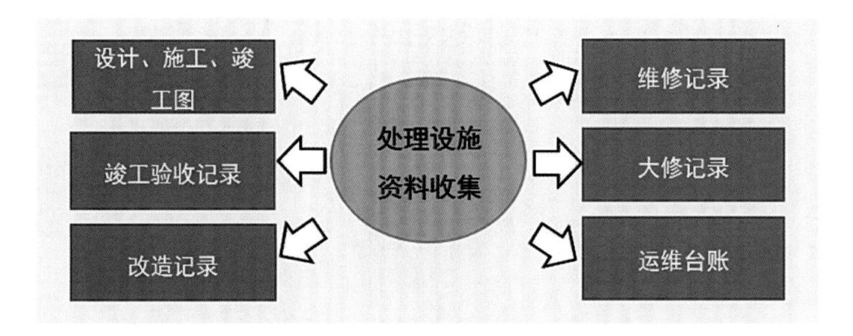

图4-2 设施档案资料收集

4.2.3 人员配备与专业资质

运维人员应按照国家和省市相关标准或导则要求，对处理设施和运维管理平台等开展运维工作。在运维时应配备相应的器具，并做好运维记录，及时报送并妥善保存。对于不同作业内容，运维人员的人数和上岗要求会有所不同，具体如表 4-2 所示。

表4-2 运维人员要求

作业内容	人员要求
巡检、养护	不少于 2 人
维修、大修	由专业人员实施，外聘工程师维修时须有维修人员陪同
水质检测	经过技术培训后方可上岗
平台维护	经过技术培训后方可上岗
特种作业	需持证上岗
入井（池）作业	不少于 3 人，井（池）外留 1 人
其他技术作业	经过技术培训合格后方可上岗

4.2.4 常见运维工具与器具

运维人员在进行巡检养护或维修时，应按照国家和省市相关标准或导则要求配备运维工器具，并应按要求做好文字与图像、视频记录，常用器具及其示例分别如表 4-3、图 4-3 所示。

表4-3 常用运维工器具

类别	工器具类型	运维工器具
一般作业	清扫工具	潜污泵、高压水枪、网兜、掏勺、刷子等
	检查用具	万用表、电笔、管道视频检测设备(管道CCTV检测设备)、管道潜望镜(QV镜)、照明设备等
	运维用具	撬棍、开井钩、铁锹、铁耙等
	修理用具	螺丝刀、扳手、剪刀、老虎钳、机油等
	劳保用品	安全绳、五点式安全带、防护服、连体水裤、雨鞋、棉纱手套、橡胶手套、护目镜、防毒口罩、长管式呼吸器、通风设备等
	记录工具	记录表、拍照手机等
水质和生物处理条件检查	测试用具	必备：pH试纸或pH检测仪，溶氧仪或氧化还原电位仪，1 L塑料量筒； 选配：电导率仪，化学需氧量（COD）、氨氮、硝氮、磷酸盐的快速检测试纸或试剂包等

潜污泵 高压水枪 万用表 CCTV检测设备 QV镜

(a) 清扫工具 (b)检查用具

开井钩 铁耙 螺丝刀 扳手 老虎钳

(c)运维用具 (d)修理用具

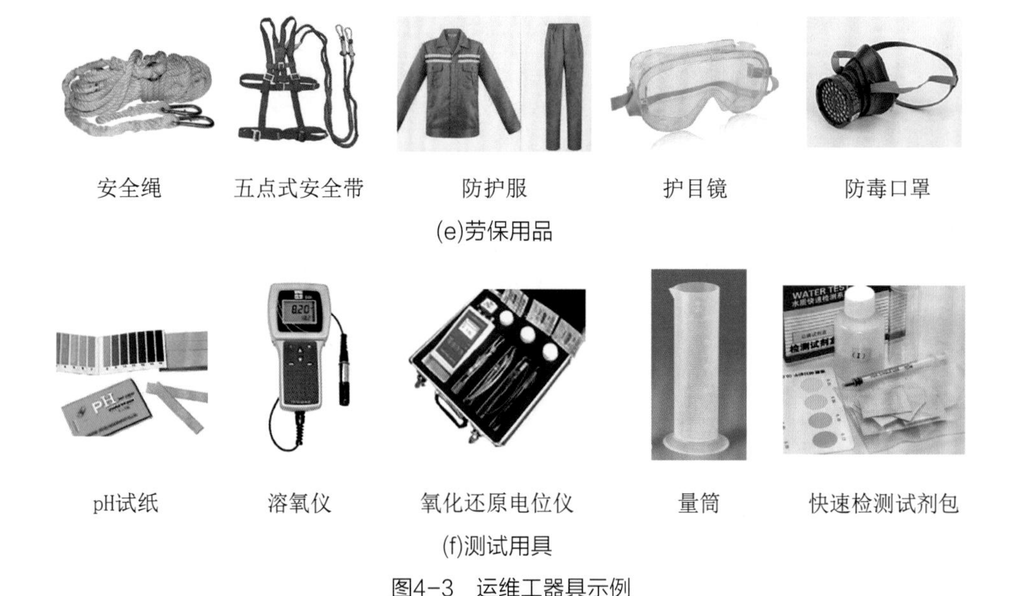

(e)劳保用品

(f)测试用具

图4-3 运维工器具示例

4.3 运维管理主要流程

运维人员应熟悉运维管理流程。农村生活污水处理设施的常见运维管理流程如图 4-4 所示。运维单位定期派出巡检养护人员进行设施的巡检和养护，巡检和养护记录及时存档。巡检养护人员发现问题后，须将相关情况及时反馈到运维单位。运维单位根据反馈结果，派出维修人员进行维修或履行大修流程开展大修，需应急时派出应急人员进行应急处理。运维管理平台（简称“平台”，又可称“运维信息系统”）是提升处理设施运维管理效率的有效工具，通常具有报表管理、考核管理、水质管理、在线监测等功能，是未来进行设施智能化运维和监管必不可少的工具。

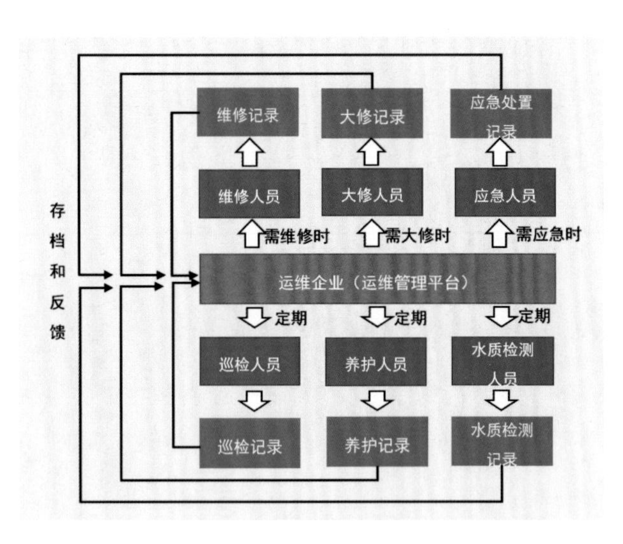

图4-4　常见的运维流程

4.4　运维管理记录与信息上报

运维人员应做好运维记录，并及时报送。运维记录一般包括巡检记录、养护记录、维修记录、水质检测记录。发生大修或应急事件时，还应做好大修记录和应急处理记录。

运维单位应定期汇总和整理处理设施的运维记录信息，按要求以电子文档或纸质文档等形式上报主管部门。此外，运维单位根据各自的管理需求，可能还需要对处理水量、电量电费、年度检修、整改落实情况等信息进行统计。上述所有记录，都应作为处理设施基本资料存档，其中纸质版（图 4-5）建议保存至少三年，电子版则建议永久保存。

图4-5 纸质版运维档案管理示例

第5章 污水收集系统

农村生活污水收集系统主要包括收集管网和相关的附属构筑物，是农村生活污水处理设施的重要组成部分。按收集环节，可分为户内处理设施（包括接户管、化粪池、隔油池、清扫井等）、接户井和公共管道系统（包括检查井、公共管道、提升泵设施等），如图 5-1 所示。污水收集系统是农村污水处理设施运维管理的重点环节之一，收集系统的淤积、破损、堵塞将会导致污水不经处理直接进入环境，严重影响环境卫生和居民日常生活。因此，收集系统在建成通水后，为保证其正常工作，必须经常进行养护。收集系统巡查内容主要包括管网和附属构筑物外观是否完好无异常，是否存在破损、渗漏、变形或下沉，各机电设备运行是否正常，仪表显示是否正常等；日常养护的内容主要包括管网与附属设施内杂物、垃圾、积泥的清除等。

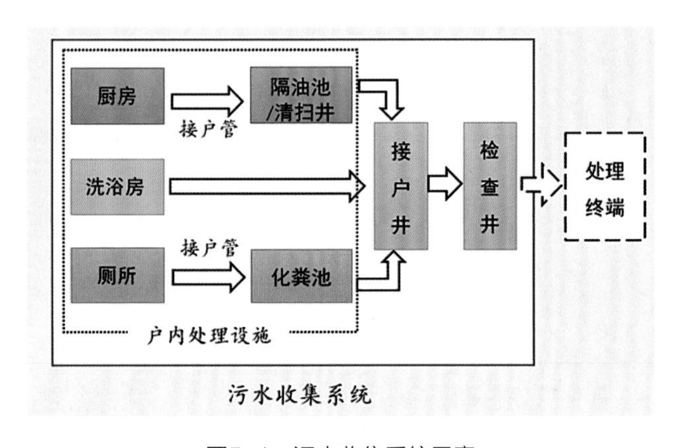

图5-1　污水收集系统示意

5.1 户内处理设施

户内处理设施通常包括接户管（图 5-2）、隔油池（图 5-3）、化粪池（图 5-4）和清扫井，常见问题及解决方法见表 5-1。

图5-2 接户管

图5-3 隔油池

图5-4　化粪池

表5-1　户内处理设施常见问题及解决方法

户内处理设施	问题	解决方法
接户管	破损、渗漏	定期检查、及时维修或更换
	堵塞	及时清理疏通
	雨污不分、误接漏接	记录并上报
	接户管裸露室外	用保温材料和胶带等包裹
隔油池	堵塞、油污溢出	及时清理
	接入人口过多	扩容或增加检查及清理频率
化粪池	渗漏、破损	定期检查、修理
	堵塞	及时清理
	接入人口过多	扩容或增加清掏频率
清扫井	破损、渗漏	及时修补
	堵塞	及时清理
	接入人口过多	增加检查及清扫频率

注：打开化粪池井盖时，应注意安全，防坠、防毒、防爆。

化粪池主要接收厕所排水，是将污水分格沉淀，使粪便等固体有机物在池底厌氧发酵、上清液通过管道排出的小型处理构筑物。化粪池应定期清掏，清掏出来的污泥和漂浮物可纳入污泥处理系统。定期检查是否有堵塞、外溢、破损、渗漏、错接或雨水、地下水混入等情况，开盖检查时应注意防毒、防爆、防坠。

隔油池或清扫井接收厨房排水，是根据油的密度比水小的特点，利用油在水中会上浮来去除厨房污水中可浮性动植物油的小型装置。隔油池或清扫井应定期清除浮油及浮渣，并对管路进行养护、疏通。浮油及浮渣不得随意丢弃，需合规处理处置。

城乡接合部等租户较多或农家乐等厨房油污较大的地方，户内处理设施要酌情增加清掏频率。

5.2 接户井

接户井是用于汇集单户生活污水、连接户内处理设施（化粪池、隔油池、清扫井、接户管）和公共处理设施（接户井、公共管道系统和处理终端）的检查井，可对污水进行沉砂、拦渣或隔油。

运维人员应定期清理接户井内的垃圾和淤积物，定期检查接户井是否堵塞并及时进行疏通。若接户井出现破损、塌陷、渗漏，或井盖缺失、破损、无法正常打开，则应及时更换或维修。

5.3 公共管道系统

5.3.1 检查井

检查井一般设置在管道交汇处、转弯处、管径或坡度改变处以及直线管段上每隔一定距离处，其作用在于方便收集系统的检查以及维修（图5-5）。运维人员宜定期查看检查井在雨天和晴天是否积水，若检查井设在农田里，还需检查农耕时期的积水情况。

运维人员应定期查看检查井，存在杂物、垃圾时应及时清理，存在堵塞现象时应及时养护、疏通。宜使用专业疏通工具清理检查井内的积泥、砂石及其他沉积物。对存在破损、变形、异常问题的井框、井筒、防坠设施等应及时维修、更换。

在实施维护时，应在检查井周围放置警示牌；维护结束后，应及时盖好井盖，污水管道检查井还应盖好内盖。

图5-5 检查井

5.3.2 公共管道

公共管道常见的故障包括淤塞、损坏、渗漏等。运维人员应定期检查管道是否存在渗漏、损坏、变形等，发现问题及时维修或更换；定期对管道进行疏通，防止管道中淤泥沉积物过多造成堵塞。可通过人工牵引、高压清洗等方式清除淤积物，并将淤积物运送到当地指定的处理处置地点。若接户设施采用格栅池，则应适当增加管道的疏通频次。

5.3.3 提升设施

提升设施又称提升泵站，主要包括水泵、泵站电控柜、液位控制系统。运维人员应对提升设施定期进行巡检，并做好以下维护工作：

（1）定期清理提升设施内的杂物、垃圾、积泥，保持泵站机组和设备本身及其周围环境清洁。

（2）定期巡检，检查是否有异响和异常振动，检查轴承温度、油量以及动力机温度，检查油、水、气管路接头和阀门有无渗漏，检查液位计、电气及控制系统运行是否正常。如有问题，应及时维修或更换。

（3）定期巡检，查看集水池水位是否符合提升泵运行要求。若超过设计最高水位，应检查提升泵运行情况；若低于设计最低水位，应重新设置液位控制装置。泵站格栅要保持过水通畅，格栅前后出现明显水位差时应及

时清理。

（4）定期清理水泵进出口管，防止堵塞；定期对提升泵、阀门、流量计等进行保养。每年至少吊起水泵一次，检查潜水电机引入电缆。长期不用的水泵应吊出集水池，妥善存放。移动水泵时，应保护好电缆线、水管。

（5）定期查看泵站内是否有腐蚀、渗漏等问题，检修闸门吊点是否牢固，门侧是否有卡阻物，出现故障时应及时查明原因并进行维修。

第6章 预处理系统

经污水收集系统收集的生活污水，需要先经过一定的预处理才能进入主体处理工段，以稳定进水负荷、去除悬浮物，减少设备磨损和管道堵塞。预处理是污水处理系统的重要组成环节，预处理效果直接影响主体设施的正常运行，从而影响整个处理系统的处理效果。常见的污水预处理设施包括格栅及格栅井、调节池、沉砂池和初沉池等，分别用于除渣、沉砂和调节进水的水质水量。农村生活污水处理系统处理规模普遍较小，初沉池和沉砂池很少单独设置，常与格栅井和调节池合建成一个池来代替。所以，农村生活污水的预处理主要涉及两个单元：格栅井及格栅、调节池。

6.1　格栅井及格栅

为确保调节池内污水泵的使用年限、降低处理设施的工作负荷，在农村生活污水进入调节池之前一般会设置格栅井，井内安装格栅（图 6-1），对污水中较大的漂浮物及悬浮物进行物理拦截。根据机械原理不同，格栅可分为人工格栅和机械格栅两类，农村生活污水处理设施中多以人工格栅为主，机械格栅一般用于污水处理规模较大的情况。格栅井及格栅的运维重点在于：避免栅渣淤积、格栅堵塞、格栅腐蚀破损以及机械故障。根据浙江省标准DB33/T 1199—2020，格栅井应设置能够活动的检修盖板，格栅顶标高通常应高于设计水位 0.2 m，并且距检修盖板需小于 0.3 m，以便于运维。

图6-1　格栅和格栅井、清掏格栅井

运维人员应定期查看格栅井内液位，及时清除格栅的栅渣，避免格栅过水不畅甚至堵塞，最终导致格栅井壅水。栅渣量会随季节、污水源、降雨等变化而改变，运维人员应了解这些规律，适时加强巡视并增加清渣次数，确保格栅的运行稳定。清掏出的栅渣禁止随意倾倒，应运输至生活垃圾处理点进行处理处置。

格栅井确需人工清理时，应遵循《密闭空间作业职业危害防护规范》（GBZ/T 205—2007）等相关标准的要求，事先对格栅井进行通风，确保有害气体排出后，方可对格栅井进行清扫作业。

6.2　调节池

农村生活污水的水质和水量均有较大波动性。为了尽量减少水质水量波动对污水处理主体设施的影响，往往在格栅井之后设置调节池，用于调节污水流量和均衡水质，确保后续的生物或生态处理效果更加稳定。调节池一般为地下式，设置有检修口、盖板和清淤排泥设施，内有污水泵和液位计（图6-2）。调节池运维的重点在于：确保调节容积有效、设备运行正常并做好安全防护。

图6-2　调节池

污水中含有大量悬浮物和泥沙，其在调节池内淤积后不仅占据调节池的有效容积，还会影响提升泵等设备的运行。运维人员应根据进水量和工艺运行状况及时查看池内液面高度和底部沉渣淤积情况，定期清除池内沉积物，避免调节池有效容积减小影响调节效果以及妨碍后续处理工段的正常运行。此外，还应注意保持调节池盖板完好，有问题时应及时修复或更换盖板。

农村生活污水处理系统中调节池内主要设备为提升泵和液位控制装置，个别还会配备混合搅拌装置。运维人员应定期检查上述装置的运行情况，发现问题要及时处理。

调节池清出的底泥可纳入污泥处理系统，暂时不具备就地处理处置条件的，可运送至指定的污泥处理处置中心进行处理。禁止随意倾倒底泥造成二次污染。

生物处理与生态处理系统是整个农村生活污水处理设施的核心单元，是去除污染物质的关键环节，确保其正常运转非常重要。农村生活污水处理常见的处理工艺技术包括厌氧生物膜法、好氧生物膜法、厌氧-好氧生物膜组合法、生物滤池、序批式反应器、膜生物反应器、净化槽和人工湿地等。由于农村情况复杂，且各地区污水处理排放的环境要求不同，各种处理技术也可组合使用，以满足不同场景的需求。本章针对典型处理工艺技术，分别阐述工艺技术原理、工艺运行条件、巡检养护要点和常见问题对策。由于厌氧生物膜池、好氧生物膜池是厌氧-好氧生物膜组合工艺的基本单元，因此相关内容合并在两个典型的厌氧-好氧生物膜组合工艺（厌氧-缺氧-好氧工艺、厌氧-好氧工艺）中论述。

7.1　厌氧-缺氧-好氧（A^2/O）反应器

7.1.1　工艺技术原理

厌氧-缺氧-好氧（Anaerobic/Anoxic/Oxic，A^2/O）反应器的工艺流程和现场照片分别如图 7-1 和图 7-2 所示。A^2/O 反应器在农村生活污水处理中应用普遍，且各生物处理池中往往会填充填料以提高微生物数量，形成厌氧生物膜池、好氧生物膜池，以应对农村生活污水浓度低、水质水量变化大、冲击负荷大的情况。A^2/O 反应器中农村生活污水在厌氧、缺氧、好氧微生物的协同作用下去除有机污染物并脱氮除磷。具体来讲，生活污水与来自工艺末端沉淀池的回流污泥一起进入厌氧池，在厌氧条件下进行磷的释放和部分有机物的氨化。然后，厌氧池出水和来自好氧池的硝化回流液一同流入缺氧池，在缺氧池中进行脱氮，将污水中硝酸盐、亚硝酸盐还原为气态氮化物和氮气。缺氧池出水进入好氧池，污水中的氨氮经生物氧化转化成硝态氮，同时去除污水中部分有机物、完成磷的吸收，好氧池的部分出水作为硝化液回流到缺氧池，其余进入沉淀池。最后，污水在沉淀池中进行固液分离，上清液作为出水排放，含磷污泥一部分通过排放剩余污泥得到去除，另一部分则回流到厌氧池。

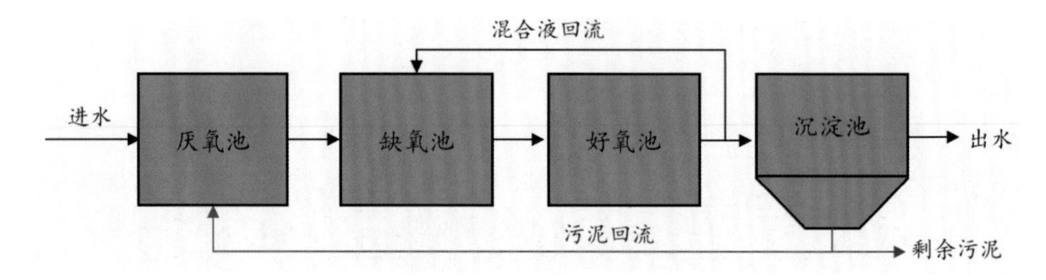

图7-1　厌氧-缺氧-好氧（A^2/O）工艺流程

图7-2　厌氧-缺氧-好氧（A^2/O）处理设施现场照片

7.1.2 工艺运行参数

A^2/O反应器的运行参数参考值如表7-1所示，未明确的参数和技术点参照《厌氧-缺氧-好氧活性污泥法污水处理工程技术规范》（HJ 576—2010）。农村生活污水浓度低、水质水量变化大，为增强处理设施的抗冲击负荷能力，各生物池内往往会填充一部分填料以提高微生物数量。填料应符合《生物接触氧化法污水处理工程技术规范》（HJ 2009—2011）、《环境保护产品技术要求 悬挂式填料》（HJ/T 245—2006）、《环境保护产品技术要求 悬浮填料》（HJ/T 246—2006）的规定，悬挂式填料填充率50%~80%，悬浮填料填充率20%~50%，悬挂式填料应符合HJ/T 245要求，悬浮填料应符合HJ/T 246要求。

表7-1 厌氧-缺氧-好氧（A^2/O）反应器的运行参数参考值

参数	厌氧-缺氧-好氧（A^2/O）反应器		
	厌氧段	缺氧段	好氧段
溶解氧（DO）	0.2 mg/L以下	0.2~0.5 mg/L	大于2 mg/L
氧化还原电位（ORP）	低于−250 mV	−150 mV左右	高于100 mV
水力停留时间	1~2 h	2~4 h	6~12 h
水温	12~35℃		
pH	6~9		
污泥回流比	40%~100%，冬季可适当提高		
硝化液回流比	100%~400%		

参考HJ 576—2010。

A^2/O反应器中严格保持各生物池的氧化还原条件至关重要，因为只有保证严格的氧化还原条件，才能使适应这些条件的微生物菌群相互配合，达到高效去除污水中有机物并对其脱氮除磷的效果。可通过测定溶解氧（DO）或氧化还原电位（ORP）了解各生物池中氧化还原状态，DO和ORP的具体解释见13.3节（7）和（8），参考值如表7-1所示。pH、水温也会对反应器运行产生较大影响，具体解释见13.3节（1）和（6）。此外，污泥回流情况、硝化液回流量、沉淀池的固液分离水平等也都会对反应器运行产生影响。污泥回流比过小时，进入厌氧池的聚磷菌随之减少，影响反应器除磷效率。污泥回流比过大时，通过污泥回流进入厌氧池的硝态氮过多，反硝化菌优先消耗有机物进行脱氮，影响厌氧释磷，从而导致反应器除磷效率降低，还会增加动力消耗和运行费用。因此，污泥回流比的设计需保证系统有足够的污泥浓度。硝化液回流比对 A^2/O 反应器中反硝化作用影响较大，该反应器中硝酸盐通过硝化液回流进入缺氧池，在缺氧池内进行反硝化。硝化液回流比过小时，通过硝化液回流向缺氧池提供的硝态氮较少；硝化液回流比过大时，会提高缺氧池的水力负荷、缩短微生物在缺氧池的水力停留时间，并使从好氧池进入缺氧池的溶解氧增多，从而降低缺氧池脱氮效率，最终增加动力消耗及运行费用。沉淀池的固液分离水平可通过 30 分钟污泥沉降比（SV_{30}）来掌握，解释详见 13.3 节（9）。

7.1.3 巡检养护要点

运维人员可按表 7-2 进行巡检养护。除外观检查外，可用溶解氧（DO）仪或氧化还原电位（ORP）仪检查生化池的氧化还原状况，还可以做一些现场水质检测，具体参考 13.3 节。若池内有填料，应定期检查填料是否不足或破损，填料严重不足时应对其进行补充。根据巡检情况，运维单位应派出专业维修人员对设施进行维修，包括对存在上浮、下沉、倾斜、渗漏、破损的池体和发生损坏的管道、井盖及设备等进行维修或更换。未尽事宜可参照浙江省《农村生活污水厌氧－缺氧－好氧（A^2/O）处理终端维护导则》。

相关附属设备的维护可参考第 10 章。

表7-2 A^2/O反应器的巡检养护要点

项目	巡检要点	养护要点
池体	是否存在上浮、下沉、倾斜、渗漏、管道破损等	及时对池体进行养护
厌氧池 缺氧池	水位；混合液颜色、气味；污泥生长情况；池内是否有杂物；DO、ORP 情况	保持池内搅拌均匀，进出水水位、污泥液回流、DO、ORP 值符合设计或运行技术要求
好氧池	水位；曝气量及均匀度；混合液颜色、气味；污泥生长情况；污泥沉淀性能；池内是否有杂物；DO 或 ORP	排放空气管路的存水；曝气均匀，进出水水位、DO 符合设计和运行技术要求；注意污泥沉降性能，防止污泥膨胀

续表

项目	巡检要点	养护要点
沉淀池	水位；固液分离情况；是否有浮泥；上清液颜色、气味、浊度	保持良好的固液分离性能，定期对沉淀池剩余污泥进行排泥
排放井（口）	出水的流量、颜色、气味	及时清理排放井的井底、井壁、排放口，保持其没有淤沉物

7.1.4 常见问题对策

A^2/O 反应器的运维常见问题及处理对策如表 7-3 所示。

表7-3 A^2/O 反应器的运维常见问题及处理对策

异常现象		可能原因	处理对策
厌氧池	出水浑浊	污泥负荷太高	减少进水量，增加污泥回流
		污泥浓度太高	加强排泥，延长污泥沉淀时间
缺氧池	污泥脱氮上浮	污泥吸附氨气和氮气使污泥沉降性降低	减少污泥在沉淀池中停留时间，及时排泥；增加回流比
	污泥变黑、有臭味、上浮	污泥厌氧分解，曝气不足	检查曝气管和风机；增加搅拌或曝气量；减少污泥停留时间
好氧池	曝气不均匀	曝气头有堵塞或脱落	清理或更换曝气头
	污泥变黑发臭	溶解氧不足；有曝气死角	检查曝气管路和风机是否正常工作；增加曝气量
	液面有大量白色泡沫	污水中含洗涤剂	控制进水量；使用消泡剂
	液面有大量褐 / 灰色泡沫	丝状菌过量	解析原因，调整 DO、pH 或负荷；投加氧化剂杀死丝状菌；严重时使用消泡剂
	污泥沉降性差	排泥不足，污泥过多	增加排泥
		污泥膨胀	解析原因；调整 DO、pH 或负荷；投加混凝剂；投加氧化剂杀死丝状菌
沉淀池	液面冒泡，出现块状黑色污泥	污泥停留时间过长	减少沉淀池的污泥停留时间
		存在死角或积泥	检查排泥设备是否正常工作；清除池内壁及其死角的污泥
	出水浑浊、污泥细碎，但 COD 不高	好氧池曝气过量，污泥分解	减小曝气量；增加进水量
	出水浑浊、发臭、COD 高	负荷过高，氧化不足；或池内有污泥淤积、厌氧分解	控制进水负荷；加大曝气；清理厌氧积泥

7.2 厌氧-好氧或缺氧-好氧（A/O）反应器

7.2.1 工艺技术原理

厌氧－好氧（Anaerobic/Aerobic，A/O）或缺氧－好氧（Anoxic/Oxic，A/O）反应器在农村生活污水处理中也很常见。该反应器由厌氧池和好氧池串联组成，或缺氧池和好氧池串联组成，前者以除磷为主、后者以脱氮为主（图7-3、图7-4）。

厌氧－好氧反应器的工艺流程如图7-3（a）所示：首先，污水和从沉淀池出来的回流污泥先经过厌氧池，去除部分有机物，进行磷的释放。然后，厌氧池出水进入好氧池，进一步去除污水中有机物，完成磷的吸收，出水进入沉淀池。最后，沉淀池对污水进行水泥分离，一部分含磷污泥则回流到厌氧池，上清液作为出水排放。厌氧－好氧工艺流程简单，不设内循环，建设和运行费用都较低。但该工艺也存在如下问题：（1）因微生物对磷的吸收量有限，所以除磷效率难以进一步提高，对含磷量高的污水，可以选择其他更有效的方法；（2）沉淀池容易出现磷释放的现象，应及时排泥、回流。

缺氧－好氧的工艺流程如图7-3（b）所示：首先，污水、来自好氧池的硝化回流液和从沉淀池出来的回流污泥流入缺氧池，在缺氧池中进行脱氮，将硝酸盐、亚硝酸盐还原为气态氮化物和氮气。缺氧池出水进入好氧池，污水中的氨氮经生物氧化转化成硝态氮，同时去除污水中部分有机物，好氧池的部分出水作为硝化液回流到缺氧池，其余进入沉淀池。最后，污水在沉淀池中进行固液分离，上清液作为出水排放，污泥一部分通过排放剩余污泥得到去除，另一部分则回流到缺氧池。缺氧－好氧工艺流程简单，占地较小。但该工艺有混合液内回流，需要注意调节混合液回流比并观察缺氧池的溶解氧值是否在0.2~0.5 mg/L范围内。混合液回流比过小会使向缺氧段提供的硝态氮不足，影响处理效果；混合液回流比过大会缩短微生物在缺氧池的水力停留时间，增加动力消耗及运行费用，并使从好氧池进入缺氧池的溶解氧增多，从而降低缺氧池脱氮效率。

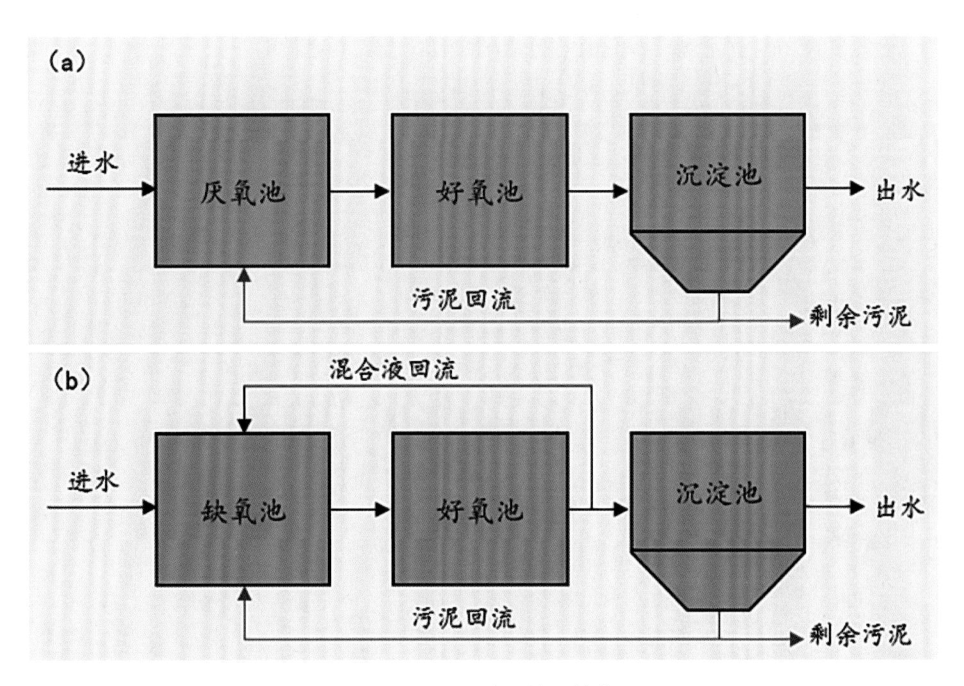

图7-3　A/O反应器的工艺流程

图7-4　A/O处理设施现场照片

7.2.2　工艺运行参数

A/O 反应器的运行参数参考值可对照表 7-4。

表7-4 A/O反应器的运行参数参考值

参数	厌氧－好氧（A/O）反应器		缺氧－好氧（A/O）反应器	
	厌氧段	好氧段	缺氧段	好氧段
溶解氧（DO）	0.2 mg/L 以下	大于 2 mg/L	0.2~0.5 mg/L	大于 2 mg/L
氧化还原电位（ORP）	低于 −250 mV	高于 100 mV	−150 mV 左右	高于 100 mV
水力停留时间	1~2 h	3~6 h	2~4 h	8~12 h
水温	12~35℃		12~35℃	
pH	6~9		6~9	
污泥回流比	40%~100%，冬季可适当提高		50%~100%，冬季可适当提高	
混合液回流比	/		（100~400）%	

参考 HJ 576—2010。

7.2.3 巡检养护要点

运维人员可按表 7-2 进行日常检查。除外观检查外，也可用溶解氧（DO）仪或氧化还原电位（ORP）仪监测生化池的氧化还原情况，用SV_{30}判断沉淀池的固液分离水平，具体解释参考 13.3 节。若池内有填料，应定期检查填料是否不足或破损等，当填料严重不足时，应对其进行补充。根据巡检情况，运维单位应派出专业维修人员对设施进行维修，包括对存在上浮、下沉、倾斜、渗漏、破损的池体，损坏的管道、井盖及设备等进行维修或更换。未尽事宜可参照浙江省《农村生活污水厌氧－好氧（A/O）处理终端维护导则（试行）》。

相关附属设备的维护可参考第 10 章。

7.2.4 常见问题对策

A/O工艺的运维常见问题及处理对策参照表 7-3 中厌氧池、好氧池及沉淀池的问题及对策。

7.3　生物滤池

7.3.1　工艺技术原理

生物滤池（Biofilter）主要通过滤池内填料的物理过滤以及填料上附着生物膜的生化作用去除污水中的各种污染物。农村地区常见的生物滤池是曝气生物滤池（Biological Aerated Filter，BAF），利用人工曝气提供污染物生物降解所需要的氧气，采用间歇反冲洗预防滤池的堵塞，如图7-5、图7-6所示。

曝气生物滤池主要由池体、生物滤料、曝气装置、滤头、承托滤板组成。在曝气生物滤池中填充生物滤料，可以使微生物栖息在滤料上进行繁殖生长形成生物膜，通过滤料的物理截留和生物膜的生化作用去除污水中的污染物。空气通过安装在滤料层中下部的曝气装置为微生物供氧。滤头是用来配水、反冲洗配水及反冲洗配气的一种装置，安装在滤池的承托滤板（用来固定滤头和承载滤料荷载）上，污水通过滤头均匀分布到滤池截面并流经滤料。滤池运行一段时间后，因滤料表面的生物量越来越多，截留的悬浮物也增多，累积到一定程度，滤层表面会出现堵塞，影响曝气装置气泡的释放，水头损失增加，需对滤池进行反冲洗，以释放截留的悬浮物并更新生物膜，此为反冲洗过程。曝气生物滤池的反冲洗系统由反冲洗供水系统和反冲洗供气系统组成，通常采用气-水联合反冲洗。反冲洗时关闭系统曝气和污水进水，使用处理出水为反冲洗水，反冲洗水从滤池底部进入、上部流出，反冲洗空气来自底部的反冲洗进气管，气水交替单独进行反冲，使得老化的生物膜和被截留的悬浮物与滤料分离。最后用水漂洗，分离出来的生物膜和悬浮物被冲出滤池。

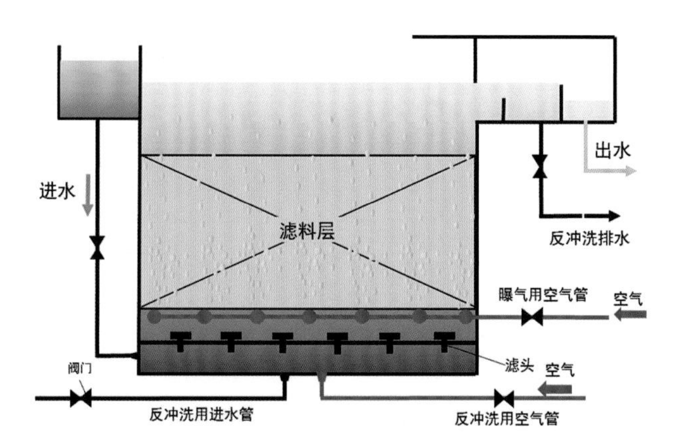

图7-5　曝气生物滤池示意

图7-6　曝气生物滤池处理设施现场照片

7.3.2　工艺运行参数

曝气生物滤池依据去除的污染物的不同，可以分类为碳氧化、硝化、后置反硝化或前置反硝化，具体可参考《生物滤池法处理工程技术规范》（HJ

2014—2019）、《曝气生物滤池工程技术规程》（CECS 265:2009），其工艺参数参考值如表 7-5 所示。其中，水力负荷是影响曝气生物滤池运行效果的重要因素。水力负荷的大小会影响污水在生物滤池中的停留时间。一般来说，水力负荷越小，水力停留时间越长，处理效果越好，反之亦然。但水流紊动可加速生物膜的更新、提高生物滤池内传质和溶氧利用率，水力负荷太小反而会导致滤料堵塞。另外，水温、pH、溶解氧也会影响曝气生物滤池的运行效果。水温直接影响微生物的新陈代谢活动，水温越低，微生物活性就越低，生化速度也随之下降，当水温低于 10℃时处理效果和出水水质会受到严重影响。通常来讲，好氧微生物适宜pH值在 6.5~8.5 范围，硝化反应适宜pH值在 7.0~8.5 范围，如果不在该范围，硝化细菌的活性会降低，氨氮去除效率也会随之下降。溶解氧影响滤池中生物膜的形成和处理效果。当滤池中溶解氧小于 2 mg/L时，好氧微生物活动受限，影响氨氮去除率。一般生物滤池中的溶解氧应为 4~6 mg/L，出水溶解氧应为 3~4 mg/L。控制好曝气量能够提高有机物的分解速率和氨氮去除率，同时气流还利于老化生物膜的脱落。

表7-5　曝气生物滤池的工艺运行参数参考值

<table>
<tr><th>滤池类型</th><th>使用条件或目的</th><th>水力负荷（滤速，$m^3/(m^2 \cdot h)$）</th><th>容积负荷</th><th>空床水力停留时间（min）</th></tr>
<tr><td>碳氧化曝气生物滤池</td><td>去除含碳有机物</td><td>3.0~6.0</td><td>2.5~6.0 $kgBOD_5/(m^3 \cdot d)$</td><td>40~60</td></tr>
<tr><td>碳氧化 / 硝化曝气生物滤池</td><td rowspan="2">去除含碳有机物、完成氨氮硝化</td><td>2.5~4.0</td><td>1.2~2.0 $kgBOD_5/(m^3 \cdot d)$
0.4 ~ 0.6 $kgNH_3-N/(m^3 \cdot d)$</td><td>70~80</td></tr>
<tr><td>硝化曝气生物滤池</td><td>3.0~12.0</td><td>0.6~1.0 $kgNH_3-N/(m^3 \cdot d)$</td><td>30~45</td></tr>
<tr><td>前置反硝化生物滤池</td><td>进水碳源充足，去除总氮要求高</td><td>8.0~10.0</td><td>0.8~1.2 $kgNO_3-N/(m^3 \cdot d)$</td><td>20~30</td></tr>
<tr><td>后置反硝化生物滤池</td><td>进水总氮含量高、碳源不足，去除总氮要求高</td><td>8.0~12.0</td><td>1.5~3.0 $kgNO_3-N/(m^3 \cdot d)$</td><td>20~30</td></tr>
</table>

参考 HJ 2014—2019、CECS 265:2009。

7.3.3 巡检养护要点

运维人员应定期对生物滤池进行巡检养护，主要运维内容如表 7-6 所示。在运维过程中，应注意观察控制水力负荷等运行参数，防止滤料堵塞。若为曝气生物滤池，还应注意观察水面气泡是否均匀，严格控制曝气量，定期保养风机和阀门，提高滤池内的传质和溶解氧利用率。根据巡检情况，运维单位应派出专业维修人员对设施进行维修，包括对存在上浮、下沉、倾斜、渗漏、破损的池体，损坏的管道、井盖及设备等进行维修或更换。未尽事宜可参照浙江省《农村生活污水生物滤池处理设施运行维护导则》。

相关附属设备的运维可参考第 10 章。

表7-6 生物滤池的巡检养护要点

项目	巡检要点	养护要点
池体	是否上浮、下沉、倾斜、渗漏、管道破损等；进水是否正常	定期清除滤池中的浮渣、杂物；严寒时对非地埋式池体进行保温
滤池表面	是否存在壅水、杂物等	定期清理滤池表面
滤池填料	填料是否不足或破损	填料严重不足或破损时，应进行补充
滤头、布水管	检查滤头、布水管是否正常工作	定期清理滤头、布水管，防止堵塞
出 水	出水浊度、气味是否正常	定期清理出水井中杂物、淤泥

7.3.4 常见问题对策

生物滤池的运维常见问题及处理对策如表 7-7 所示。

表7-7 生物滤池的运维常见问题及处理对策

异常现象	可能原因	对策
滤池有异味	进水负荷过高	减少进水量
	滤料中的生物膜过多，局部已发生厌氧反应	加强反冲洗使生物膜脱落、更新
大量生物膜脱落	检查进水水质有无异常，如进水中含有毒有害污染物或 pH 值异常等	查明原因，改善水质，防止有毒有害污染物进入
反冲洗正常，但出水水质差	预处理效果差，使进水 SS 浓度高	加强进水预处理
滤料堵塞	进水 SS 过高	加强进水预处理
	生物膜过多	加强反冲洗使生物膜脱落、更新

续表

异常现象	可能原因	对策
滤料流失	布水布气系统设置不当	改造布水布气系统
	反冲洗用水、用气过大	调试用水用气强度
	使用时间过长、滤料损耗	及时补充滤料
出水带泥、浑浊	进水浓度偏高	减少进水量
水质发黑、发臭	溶解氧不足，污泥发生厌氧反应，产生硫化氢	加大曝气量
	布水系统有问题，使局部缺少曝气	检查布水系统是否堵塞或损坏，应及时疏通或修理，加强反冲洗

7.4 序批式反应器（SBR）

7.4.1 工艺技术原理

序批式反应器（Sequencing Batch Reactor，SBR）工艺由进水、曝气、沉淀、排水、待机这五个主要阶段组成（图 7-7、图 7-8）。SBR 集均质化、生物降解、沉淀等功能于一体，工艺简单，不设二沉池，没有污泥回流设备。其一个运行周期时间是进水时间、曝气时间、沉淀时间、排水时间、待机时间的总和。

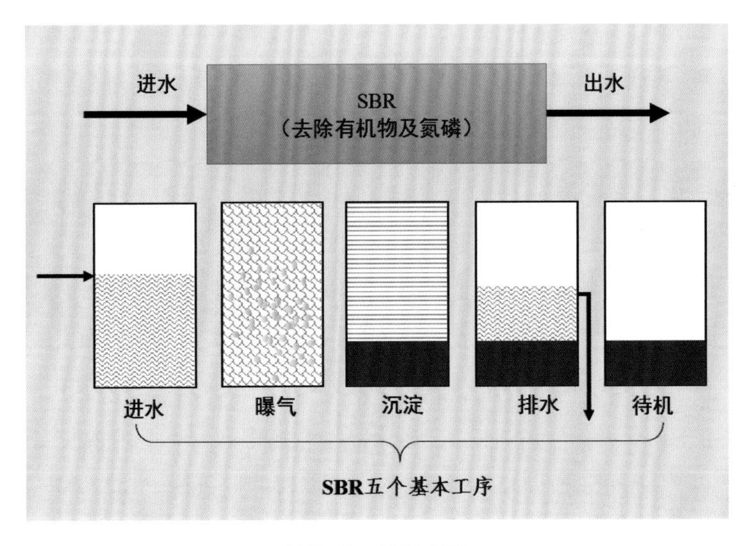

图7-7　SBR示意

图7-8　SBR处理设施现场照片

7.4.2　工艺运行参数

SBR工艺参数参考值如表7-8所示。溶解氧值和固液分离性能是影响SBR运行的关键因素。溶解氧的经验值范围为2~4 mg/L。过高的溶解氧造成设备和能源的浪费，过低的溶解氧则不能得到好的生化效果。固液分离性能取决于活性污泥性状和滗水器质量。活性污泥沉降性能不好，则反应结束后，能够排出的上清液量较少，SBR一个运行周期内处理污水量降低。滗水器是SBR工艺的核心设备，用于保证SBR排水时只排出上清液而不搅动下层污泥。滗水器做得不好，则排水时会导致活性污泥流失。在低碳氮比、小规模的农村污水处理中，反应器要维持较好的固液分离性能通常不太容易做到。

固液分离性能可通过30分钟污泥沉降比（SV_{30}）来评价，即将活性污泥混合溶液置于1 L量筒中，使其静置30分钟后测量沉淀污泥的体积百分比。此外，污泥体积指数（SVI）是指示污泥沉降性能和污泥膨胀的重要指标，指的是反应池混合液经30分钟静置沉淀后，1克干污泥所占的容积，SVI（mL/g）=混合液30分钟静置沉淀后污泥的容积（mL）/污泥的干重（g），即$SVI=SV_{30}/MLSS$。SVI值能反映污泥的松散程度和沉降性能：如果

SVI过低，说明污泥活性不够，无机物多，吸附能力低下；如果SVI过高，则说明污泥膨胀、不易沉降，影响污水生化效果。一般情况下，当SVI大于150 mL/g时，容易发生污泥膨胀。

表7-8　SBR工艺运行参数参考值

参数	参考值
BOD_5 污泥负荷	0.07~0.15 kg/kg · d
30 分钟污泥沉降比（SV_{30}）	15%~40%
污泥体积指数（SVI）	70~140 mL/g
曝气时的溶解氧	2~4 mg/L
混合液悬浮固体（MLSS）	2500~4500 mg/L

参考《序批式活性污泥法污水处理工程技术规范》（HJ 577—2010）。

7.4.3　巡检养护要点

运维人员应参照设计要求对SBR进行日常运维检查，基本项目如表 7-9 所示。为保证SBR的正常运行，主要控制进水量/水质、曝气量、污泥浓度、运行周期时间等参数。由于进水量/水质不断变化，在实际巡检养护的过程中，应注意观察相关项目，需根据实际情况调整各控制参数，使SBR达到最佳处理效果。

根据巡检情况，运维单位应派出专业维修人员对设施进行维修，包括对存在上浮、下沉、倾斜、渗漏、破损的池体，损坏的管道、井盖及设备等进行维修或更换。

相关附属设备的运维可参考第 10 章。

表7-9　SBR的巡检养护要点

项目	巡检要点	养护要点
池体	是否上浮、下沉、倾斜、渗漏、管道破损等；进水是否正常	及时对池体进行养护；定期清除池中的浮渣、杂物；严寒时对非地埋式池体采取保温措施
进水电磁阀	定期检查阀门是否异常，阀门外部、活动位置等是否存在异物	定期对阀门进行保养

续表

项目	巡检要点	养护要点
曝气、搅拌等设备、滗水器	设备是否运转，曝气量是否充足，滗水器是否正常运转	定期对风机、搅拌机、滗水器等设备进行保养
运行周期设置	运行周期设置是否正常	保持运行条件符合设计或者运行技术要求
污泥	污泥浓度、污泥沉降性能	定期看 MLSS、SV_{30}、SVI 是否符合技术要求，并做相应调整
沉淀池	污泥是否异常、污泥沉降性能、上清液是否浑浊	定期清污，定期排泥

7.4.4 常见问题对策

SBR 的运维常见问题及处理对策如表 7-10 所示。

表7-10　SBR的运维常见问题及处理对策

异常现象	可能原因	处理对策
曝气不均匀	曝气头有堵塞或脱落	清理或更换曝气头
污泥发黑、有臭味	溶解氧不足；曝气有死角	检查曝气管路和风机；增加曝气量
液面有大量白泡沫	污水中含较多洗涤剂	控制进水量；使用消泡剂
液面有大量褐 / 灰色泡沫	丝状菌过量增殖	解析原因，调整好氧池 DO、pH 或负荷；投加氧化剂杀死丝状菌；严重时使用消泡剂
污泥沉降性差	排泥不足，污泥过多	增加排泥
	污泥膨胀	解析污泥膨胀原因，调整好氧池 DO、pH 或负荷；投加混凝剂；投加氧化剂杀死丝状菌
出水浑浊、污泥细碎，但 COD 不高	曝气过量，污泥分解	减小曝气量；增加进水流量
出水浑浊、发臭、COD 高	负荷过高，曝气不足，或池内积泥厌氧	控制负荷；适当加大曝气；清理厌氧积泥

7.5 膜生物反应器（MBR）

7.5.1 工艺技术原理

膜生物反应器（Membrane Bio-Reactor，MBR）将膜分离技术与生物处理技术相结合，提高了反应器中污泥浓度并用膜过滤技术取代普通活性污泥法的二沉池，减少占地面积；同时，将水力停留时间与污泥停留时间相分离，有利于延长大分子有机物和难降解物质在反应器内的停留时间，提高去除效率。此外，膜还可以截留大部分的病毒和细菌，最终得到稳定优质的出水。用于农村生活污水处理的MBR一般采用膜片浸在生物反应器内的一体式MBR形式，其工艺示意图和现场图分别如图7-9、图7-10所示。

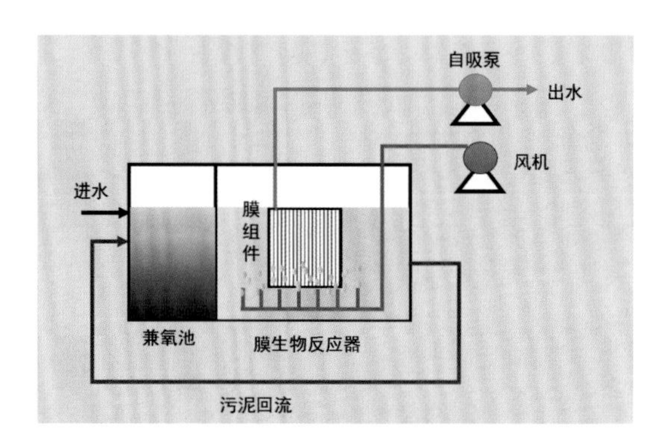

图7-9　MBR工艺示意

图7-10　MBR处理设施现场照片

7.5.2　工艺运行参数

考虑到MBR的复杂性，工艺运行控制相关参数应参照供应商技术手册，其基本工艺运行参数的参考值如表7-11所示。运维MBR的技术关键是要防止膜污染。膜污染一般指生物反应器内悬浮颗粒、胶体粒子、溶解性大分子有机物等在膜的表面以及膜孔内吸附沉积，导致膜堵塞、膜通量下降的现象。为控制膜污染，实现MBR的长期稳定运行，需要做到：（1）根据膜供应商的要求，科学设计单位面积膜片的污水处理量，即膜通量。（2）根据设计要求，科学设定膜面扰动模式。例如浸没式一体化MBR，一般需要连续曝气形成比较强烈的膜面扰动，同时采取间歇抽吸出水的模式。（3）按要求定期反冲洗或在线加药清洗。（4）注意观察膜通量和膜过滤压差变化，计算膜阻力。一旦发现膜过滤阻力的增长速度加快，须尽快查找原因，及时采取在线或离线的膜清洗措施进行干预。

表7-11　MBR的运行参数参考值

参数	参考值
水温	15~35℃
水力停留时间（HRT）	2~5 h
氨氮负荷	0.01~0.03 kgN-NH_3/（kgMLSS · d）
污泥负荷	0.05~0.15 kgBOD_5/（kgMLSS · d）
混合液悬浮固体（MLSS）	6000~12000 mg/L
跨膜压差（TMP）	0~50 kPa （浸没式） 20~500 kPa（外置式）

参考《环境保护产品技术要求 膜生物反应器》（HJ 2527—2012）。

7.5.3　巡检养护要点

MBR的巡检养护主要内容参照表7-12。重点注意控制进出水量、曝气量并防止膜污染，此外定期清理池中浮渣、杂物、淤泥，定期排放空气管路中的存水。根据巡检情况，运维单位应派出专业维修人员对设施进行维修，包括对存在上浮、下沉、倾斜、渗漏、破损的池体，损坏的管道、井盖及设备等进行维修或更换。

相关附属设备的运维参考第10章。

表7-12　MBR的巡检养护要点

项目	巡检要点	养护要点
泵、搅拌机、风机等设备	是否异常（外观、异响、振动、轴承温度等）	做好防锈，定期保养
各种电动阀门	是否异常（外观、异响、振动）	及时清理阀门外部和活动部位的浮泥和杂物

续表

项目	巡检要点	养护要点
各种测量仪表	工作状态是否异常	定期保养，防止污垢、锈蚀和脱落，或接触不良
调节池进水量	是否异常	保持进水量符合技术要求
兼氧池	有无泡沫、浮渣，液面是否异常，是否正常搅拌	及时清除池内浮渣、淤泥，保持池内机械搅拌设备运行满足设计或运行工艺技术要求
好氧池	处理能力是否降低，有无泡沫、浮渣，液面、曝气量是否异常	定期清理池中浮渣、杂物、淤泥，排放空气管路中的存水
膜组件	过滤阻力是否上升，确认污泥浓度	定期清洗膜组件
加药设备	检查药剂是否不足、泵是否正常运行	及时补充药剂，保养加药设备

7.5.4 常见问题对策

MBR的运维常见问题及处理对策如表7-13所示。考虑到MBR的复杂性，其他未尽事宜按照供应商的技术手册。必要时，其检修和维护应由经过专门培训的专业技术人员进行。

表7-13 MBR的运维常见问题及处理对策

异常现象	可能原因	对策
调节池液面异常	液位计故障；提升泵故障；进水量异常；格栅堵塞	查明原因，检修；调节进水量或膜过滤速度；清洗格栅
兼氧池液面过高	兼氧池水泵故障	检修
好氧池处理能力下降	抽吸泵异常	检修
	膜堵塞	清洗膜； 调整膜组件曝气部的曝气量
膜抽吸泵开启却不出水	配管的气密性不足	检查连接部位，并加固
膜过滤压差上升速度过快	膜出水量过大	将膜抽吸泵调节到正确数值 适当调整膜组件曝气部的曝气量
	膜堵塞	进行膜清洗
	污泥浓度过高	排泥
好氧池泡沫过多	混入大量的洗洁剂	使用消泡剂
	污泥性状恶化	控制进水负荷

续表

异常现象	可能原因	对策
好氧池液面过高	膜抽吸泵异常	进行检查和修理； 将过滤流量调节到正常流量
	膜堵塞	定期清洗； 调整膜组件曝气部的曝气量
控制系统（PLC）无法启动	故障、断电	检修、供电
出水 BOD、COD 高	进水水质异常	确认进水水质
	MLSS 降低	减少排泥
	曝气不足或风机故障	增加曝气量；检修风机
出水 SS 高	抽吸端管道破损、脱落	检查和修理抽吸端管道
	膜破损	进行膜破损的检查，修补或更换膜
出水量明显减少	膜组件污染	及时清洗膜组件

7.6 净化槽

7.6.1 工艺技术原理

净化槽（JOHKASO）是来源于日本的一种标准化小型生活污水处理装置，农村地区常见的净化槽内部结构如图 7-11 所示，现场照片如图 7-12 所示，其一般包括沉淀分离槽、预过滤槽、曝气槽、沉淀槽。农村生活污水进入净化槽后，污水中较大的颗粒物及悬浮物先在沉淀分离槽中被去除；随后污水流经预过滤槽，通过槽内填料上厌氧生物膜的作用，去除有机污染物；接着污水进入曝气槽，该槽集曝气、截留悬浮物、定期反冲洗为一体，并利用风机和曝气阀来控制曝气量；最后进入沉淀槽固液分离，上清液通过其溢水堰的消毒装置进行消毒后排出。另外，净化槽还配备回流移送管，使用循环泵把沉淀槽中的水和泥回流到沉淀分离槽，并利用回流阀控制回流量。

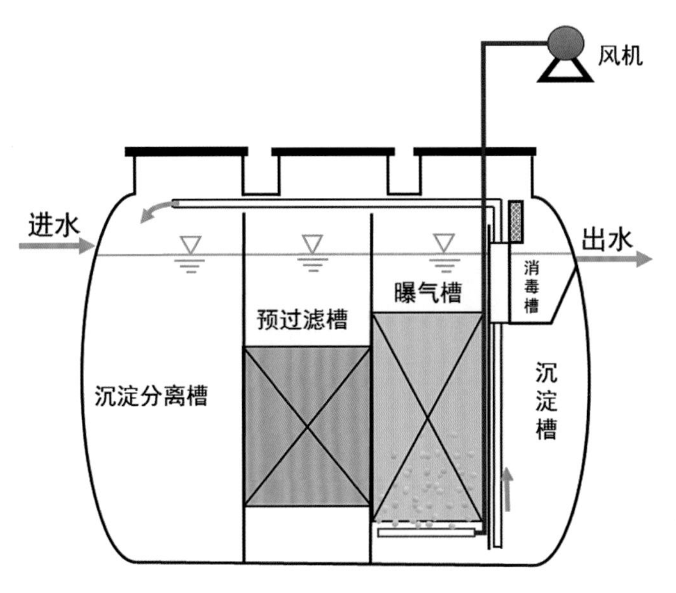

图7-11　净化槽内部结构

图7-12　净化槽现场照片（一）

图7-12　净化槽现场照片（二）

7.6.2　工艺运行参数

净化槽有很多种，其运行控制应按照供应商产品技术参数要求进行。

7.6.3　巡检养护要点

净化槽日常运维检查应按照其说明书进行，主要内容可参考表 7-14。净化槽的巡检养护内容还应符合供应商产品技术参数的要求。据巡检情况，运维单位应派出专业维修人员对设施进行维修，包括对存在上浮、下沉、倾斜、渗漏、破损的池体，损坏的管道、井盖及设备等进行维修或更换。

相关附属设备的运维可参考第 10 章。

表7-14　净化槽的巡检养护要点

项目	巡检要点	养护要点
周围环境	是否有异常的噪声、臭气、臭味	定期对风机等设备进行保养，定期清理污水管道内的堆积物
进出水	进出水量、水质是否正常，进行水质速测，可参考 13.3 节	异常时及时调整进水量等以满足净化槽技术要求

续表

项目	巡检要点	养护要点
曝气状况和曝气装置	应定期检查曝气状况和曝气装置的运行情况，以及生物膜的量和颜色	保持运行参数满足设计或运行工艺技术要求
回流量和调节装置	应定期检查回流量以及调节装置的运行情况	及时调整回流量满足设计或运行工艺技术要求
各反应槽	应定期检查各槽的水位，确定槽体是否水平，槽内部各设备、内壁、挡板、各管道等是否有损坏	及时清除槽内淤积物、杂物，排查故障，并及时上报

7.6.4　常见问题对策

净化槽的维修应由专业人员负责实施，可参照供应商提供的净化槽运维管理手册。常见问题以及对策可参照表 7-15。

表7-15　净化槽的运维常见问题及处理对策

常见问题	可能原因	对策
曝气异常	风机等设备是否异常，曝气管等是否有损坏	及时进行维修
生物膜异常	运行参数异常	根据净化槽技术参数要求调整运行
回流量异常	循环装置异常	调整回流量
槽内水位不水平	槽内部有损坏	及时维修
余氯异常	消毒剂量添加过度	调整消毒剂量

7.7　人工湿地

7.7.1　工艺技术原理

湿地（Wetlands）是由水、永久性或间歇性处于水饱和状态下的基质及水生植物和微生物等所组成的、具有较高生产力和较大活性、处于水陆交界的复杂的生态系统。而人工湿地（Constructed Wetlands）是通过工程化模拟自然湿地，人为设计并建造的由“基质填料-水生植物-微生物-水体”组成的四位一体复合水体净化生态系统，主要通过基质、微生物、植物的物理、化学、生物三重协同作用，对污水中有机物和氮磷等污染物进行去除。

农村生活污水按照一定方向投配到人工湿地上，利用基质、微生物、湿地植物的协同作用对水污染物进行处理。人工湿地对污水的净化机理主要包括：（1）物理方面，通过沉降和过滤作用对生活污水进行净化；（2）化学方面，通过沉淀、吸附、分解去除污染物；（3）生物方面，通过悬浮的或寄生于植物上的微生物的代谢作用将有机物进行分解，通过微生物硝化作用、反硝化作用去除污水中的氮，通过微生物氧化部分重金属，并阻截或结合将其去除；（4）植物方面，通过湿地植物吸收或去除污水中的有机污染物，植物根系分泌物对病原体、大肠杆菌有灭活作用。

人工湿地根据污水的流动方向，可分为表面流人工湿地（污水在基质表面流动）和潜流人工湿地（污水在基质以下流动）。其中，潜流人工湿地又分为水平潜流人工湿地（污水在基质层以下沿水平方向流动）和垂直潜流人工湿地（污水通过布水设备在基质表面均匀布水，垂直流向基质底部）（图7-13）。

表面流人工湿地的液面在基质以上，污水从进口流入，并经过湿地表面，出水经过溢流堰流出。表面流人工湿地的优点是耗资少、运行费少、操作容易，但可承受的负荷低，夏季易发臭、滋生蚊蝇，冬季温度过低会使湿地表面结冰。

农村地区常用潜流人工湿地处理生活污水。（1）水平潜流人工湿地，核心单元是填料床，污水从一端水平流经填料床。水平潜流湿地比上述表面流人工湿地所能承受的负荷更大，对污染物的去除率也更高，一般不会发臭或滋生蚊蝇，但控制相对复杂，且脱氮除磷的效果不如垂直流人工湿地。（2）垂直潜流人工湿地的水流方向是垂直的，污水从湿地底部排出。与水平潜流人工湿地相比，氧的转移效率和硝化能力更高，更利于含氨氮较高污水的处理，但其控制较为复杂，落干/淹水时间更长。

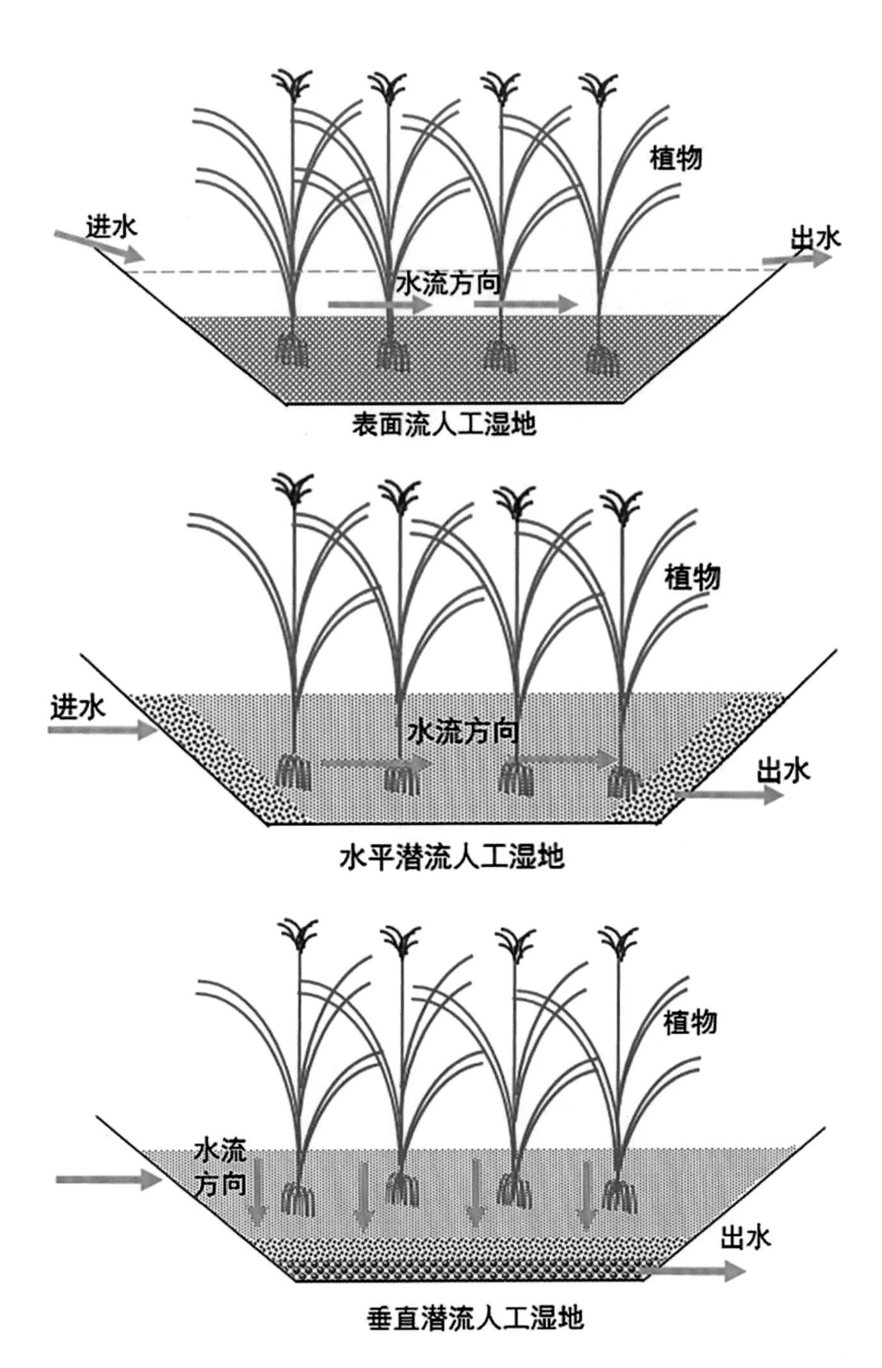

图7-13　表面流人工湿地和潜流人工湿地示意

图7-14 人工湿地现场照片

7.7.2 工艺运行参数

人工湿地运行参数参考值如表7-16所示。其中污染物负荷是湿地处理效果的重要影响因素，一般来说人工湿地对进水负荷的承受能力有限，容易堵塞，应联合生物预处理并严格控制进水水质，特别是进水SS浓度。根据《人工湿地污水处理工程技术规范》(HJ 2005—2010)，一般表面流人工湿地进水SS宜控制在100 mg/L以下，而水平和垂直潜流人工湿地的进水SS则宜分别控制在60 mg/L和80 mg/L以下。其他各污染物负荷参考值如表7-16所示。

表7-16 人工湿地工艺运行参数参考值

参数	表面流人工湿地	水平潜流人工湿地	垂直潜流人工湿地
BOD5负荷（$g/m^2 \cdot d$）	≤ 4	≤ 8	≤ 8
氨氮负荷（$g/m^2 \cdot d$）	≤ 2.5	≤ 4	≤ 4
总氮负荷（$g/m^2 \cdot d$）	≤ 2.5	≤ 6.5	≤ 5
总磷负荷（$g/m^2 \cdot d$）	≤ 0.2	≤ 0.4	≤ 0.4
水力负荷（$g/m^2 \cdot d$）	≤ 0.2	≤ 0.5	≤ 0.8
水力停留时间（d）	≥ 3	≥ 1	≥ 1
底面坡度、水力坡度	< 0.5%	0.5%~1%	< 0.5%

参考DB33/T 1199—2020。

7.7.3 巡检养护要点

运维人员可按表 7-17 进行日常检查和养护，应注意观察湿地进出水管（渠）及布水管（渠）的水量、水质，湿地表面是否有壅水、淤积物等，以及植物是否生长良好。在运维过程中，应及时收割植物并妥善处置。湿地植物出现生长不良、枯萎、病虫害等，应及时补种和控制病虫害。冬季之前对不耐寒的植物应采取防冻措施或进行收割。

根据巡检情况，运维单位应派出专业人员对设施进行维修，包括对存在渗漏、破损、开裂的湿地，损坏的管道、井盖及设备等进行维修或更换。未尽事宜可参照浙江省《农村生活污水人工湿地处理设施运行维护导则》。

相关附属设备的维护可参考第 10 章。

表7-17　人工湿地的巡检养护要点

项目	巡检要点	养护要点
湿地进出水管（渠）、布水管（渠）	进水水量、水质情况，进出水管（渠）是否堵塞、布水是否均匀	定期清理污泥、淤积物，疏通湿地进出水管（渠）、布水管（渠）
湿地表面	是否有壅水	清除过多的生物膜、壅水
	是否存在淤积物、覆土、杂草等	清理淤积物、覆土、杂草等
湿地植物	植物生长是否良好、有无遭遇病虫害，是否及时收割	控制病虫害，及时补种、收割植物
出水	出水水量、形状（颜色、气味）、水质情况	及时清除出水井（口）淤积物等

7.7.4 常见问题对策

人工湿地的运维常见问题及处理对策如表 7-18 所示。堵塞是影响人工湿地处理污水效果的主要因素之一，也是目前农村人工湿地运维中最常见的问题。堵塞的主要原因是进水中悬浮物和湿地内部产生的污泥等堵塞了湿地基质或填料，影响湿地的稳定性和寿命。一般通过强化预处理、控制进水悬浮物浓度的方式，或者改变水力负荷、清理或更换填料等方式解决堵塞问题。另外，在运维中还应注意及时收割湿地植物并妥善处置，湿地运行 3 年及以上，根据出水情况（出水量是否越来越小）判断是否更换基质或填料。湿地池体表面存在淤泥、覆土、异物等，应及时清理整顿。湿地植物出现生长不良、枯萎、病虫害等，应及时种植湿地植物，控制病虫害，防止湿地植物倒伏，及时扶培。冬季之前对不耐寒的植物应采取防冻措施或进行收割，同时降低进水负荷。未尽事宜可参照浙江省《农村生活污水人工湿地处理设施运行维护导则》。

表7-18　人工湿地的运维常见问题及处理对策

异常现象	可能原因	处理对策
进水端有壅水	进水量太大，进水不均匀；前端填料堵塞	增加进水次数，减少单次进水量；清理或更换前端填料/基质
进出水量都异常	湿地渗漏等	查明原因，及时维修
出水量越来越小；湿地有壅水；停止进水后有板结	湿地堵塞	分区域间歇进水；清理或更换填料；调整落干时间。 强化预处理，控制进水SS浓度； 及时清理湿地表面杂物或更换填料，清理出水管（渠）
	进出水管（渠）堵塞	对湿地进出水管（渠）进行清洗或清理
湿地植物倒伏、枯萎	生长不良、病虫害	及时种植或扶培湿地植物、控制病虫害
湿地杂草丛生	没有及时收割湿地植物	定期对湿地植物进行收割

第8章 深度处理系统

农村生活污水经过生物和生态处理后，水质一般可以满足排放要求。但是在排放标准比较严格的地区，特别是水源地上游等环境敏感区或在流行病流行季节，生物学指标可能不能满足排放要求，需要进一步处理；另外总磷也常是生物处理难以直接达标的因子。在上述情况下，有时需要增加深度处理，常见的农村生活污水深度处理设施包括消毒设施和除磷设施。消毒设施一般采用化学消毒或紫外线消毒，除磷一般采用化学法。

8.1 消毒

根据农村生活污水处理设施排放标准，需要进行粪大肠菌群指标控制的处理设施应具备消毒功能；不需进行粪大肠菌群指标控制的处理设施应具有加装消毒空间及能力。

8.1.1 化学消毒

化学消毒宜采用采购方便、使用安全、效果稳定的消毒剂产品。农村地区常用含氯消毒剂对污水进行化学消毒。运维人员添加含氯消毒剂时，应做好防护，避免药剂与皮肤直接接触。定期检查消毒剂的余量，余量不足时及时添加，并记录添加量和时间；出水的参考加氯量以氯计宜为 6~15 mg/L，接触时间以半小时以上为宜。运行过程中宜根据余氯量、水质、水量试验确定并调整消毒剂投加量。农村生活污水处理中氯片消毒使用普遍，这种方式最主要的问题是污水处理系统进出水不连续、不稳定，氯片的使用效率不高，溶解速度过低或过快的问题明显。可适当调整或改造氯片消毒装置，适应其运行条件，提高氯片缓释效率。

8.1.2 紫外线消毒

若污水处理设施采用紫外线消毒（图 8-1），运维人员应定期检查紫外线消毒器排架及其玻璃套管是否有污垢，并及时进行清洗；定期检查紫外线消毒器连接管道和阀门是否存在脱落、失稳等情况，排查原因并及时上报；定期检查水位高度，保证紫外线灯管的淹没深度满足要求；紫外线消毒器漏水时更换石英管或垫圈；灯管不亮或紫外线消毒器杀菌效率低时，应更换灯管或镇流器等相关器件；定期按照供应商提供的产品要求，更换灯管、玻璃套管及光强传感器等。

图8-1 紫外线消毒设备

8.2 化学除磷

农村生活污水经过生物处理与生态处理后，出水总磷仍然不达标时，可考虑采用化学除磷。农村生活污水的化学除磷一般利用投加化学药剂生成不可溶的磷酸盐沉淀物，再通过固液分离的方法把磷从污水中去除，操作简单，除磷效果好。化学除磷药剂的种类及投加量宜通过试验确定。通常用聚合硫酸铁、聚合氯化铝等除磷药剂（图 8-2），可按照铁或铝与污水中总磷的摩尔比为 1.5~3 进行投加。运维人员应定期检查污泥存储和外排装置是否异常，并进行定期排泥。化学除磷的污泥要妥善处置。

图8-2　除磷药剂存储罐

第9章 污泥、废弃物处理处置及尾水排放

农村生活污水处理系统运行维护过程中，不可避免会产生清掏物、剩余污泥、收割湿地植物、废弃填料及其他运维杂物等固体废物。这些固体废物若不进行有效处理则会产生二次污染，因此需要根据相关要求进行合理的处理处置。固体废物处理一般分为集中处理和就地处理两种方式。由于农村生活污水处理系统分布较散，固体废物集中处理成本极大，因此除剩余污泥、化粪池清掏物和隔油池清掏的油污可能需要集中处理外，其余应尽量依托各村镇生活垃圾收运处理系统统一管理，可能时就地资源化利用。固体废物在归入生活垃圾之前，应对其进行渗沥脱水、堆置风干等预处理。

9.1 污泥处理

污水处理设施应定期排出剩余污泥，一般使用排泥泵或吸粪车等对污泥进行抽吸排出。运维人员不得随意倾倒污泥，应将污泥运至城镇污水处理厂污泥处理系统或指定的地点存放（图 9-1）。

少量剩余污泥可根据当地林业、农业的需求，就地无害化处理后再利用。

图9-1　污泥处理

9.2　废弃物处置

污水收集系统和处理系统的沉积物、清掏物，以及栅渣、沉沙、植物残枝，运送至生活垃圾处理点处理。浮油等输送至餐厨垃圾处理系统统一处置，并做好记录。

人工湿地的植物和处理设施的杂草等，可以通过堆肥、制备生物质能源（如厌氧发酵产生沼气）等方式进行资源化利用（图 9-2）。

废弃填料可根据其性质分类处理处置。属塑料材质的，可考虑与生活垃圾归并处理。人工湿地填料（基质碎石）相对较多的，可以考虑作填方、建材、道路铺筑等资源化再利用。

图9-2　处理设施的植物、杂草收集

9.3　尾水排放

尾水排放应优先考虑农田灌溉等资源化利用。若尾水回用，应定期查看蓄水池的水位，监测水质，保证尾水不满溢，水质满足相关用水标准。

第10章 附属设施

附属设施主要包括电气设备（污水泵、风机、流量计、液位计、水质在线监测设备、视频监控设备、电控柜）、配套管件（管道、阀门、出水井）、公示牌、控制房、围栏、景观绿化等处理设施的附属物。运维人员应定期对这些附属设施进行维护保养。

10.1 电气设备

10.1.1 污水泵

运维人员应定期对污水泵（图10-1）进行维护保养，可参照《城镇污水处理厂运行、维护及安全技术规程》（CJJ 60—2011）和浙江省《农村生活污水处理设施机电设备维修导则》：

（1）检查水泵油室及机械密封件的状况，操作时禁止损坏其密封件端面和轴；起吊和吊放水泵时，禁止牵提污水泵的电缆；必要时更换机油和其他机械密封件。

（2）检查泵体、叶轮、叶片、轴套、闸阀、管道是否有损坏，及时修理或更换，清除淤积物。

（3）确保电机绝缘，检查管路、螺丝钉以及结合处是否牢固。

（4）若长期不用污水泵，应将其拆开，把内部所有的水分擦干，并在转动和结合部分涂上油脂。

图10-1　污水泵

10.1.2　风机

风机作为农村生活污水处理设施中最常见的动力设备，在生化池曝气过程中被广泛使用。运维人员应定期对风机（图 10-2）进行维护保养，可参照CJJ 60—2011 和浙江省《农村生活污水处理设施机电设备维修导则》：

（1）检查风机声音是否异常，是否正常工作；

（2）检查风机的进风廊道、过滤装置是否有堵塞，并及时清洁；

（3）检查运行状态下风机、电机的风压、风量、电流和电压等参数，遇到不能排除的故障，应立即停机检修；

（4）检查风机是否有部件腐蚀、老化或脱落，并及时更换或维修；

（5）检查风机叶轮的旋转情况，有问题应及时维修；

（6）检查电缆是否损坏，有问题应及时更换。

图10-2　风机

10.1.3　流量计

农村生活污水处理设施的水量监测需要安装流量计（图10-3）。农村地区通常使用电磁流量计或超声波明渠流量计。运维人员应定期对流量计进行维护保养：

（1）定期检查流量计是否正常工作，有问题时应及时维修；

（2）使用电磁流量计时，应定期进行阻尼检查和零位调校；清洗传感器电极；

（3）使用超声波明渠流量计时，应定期检查接线端子及电气元件是否有接触不良等情况，如有应及时加固或更换；并定期清洗探头。

图10-3　流量计

10.1.4　液位计

液位计在农村生活污水处理设施中主要用于监测调节池的液位，为提升泵的启停提供依据。农村地区常用浮球液位开关或超声波液位计，应定期进行维护保养：

（1）使用浮球液位开关时，检查浮球是否被卡住，有螺丝松动时应加固，定期清洗连杆和浮球；

（2）使用超声波液位计时，定期检查其探头是否锈蚀、脱落、接触不良，若发现问题应及时维修更换，并定期清洗探头。

10.1.5　水质在线监测设备

运维单位应定期对所有水质在线监测设备（图 10-4）进行维护保养，其维护保养要点如表 10-1 所示；另外，运维单位应定期派出经过技术培训的人员按照水质在线监测设备说明书定期对所有水质在线监测设备进行现场校准，且定期对水质自动检测设备进行自动检测方法与实验室标准方法的比对试验和质控样试验（一般用接近实际污水浓度的已知量的待测样品和超过

相应排放标准浓度的待测样品进行质量控制）；具体参考《水污染源在线监测系统（CODCr、NH_3-N 等）运行技术规范》（HJ 355—2019）和《水污染源在线监测系统（CODCr、NH_3-N 等）数据有效性判别技术规范》（HJ 356—2019）。

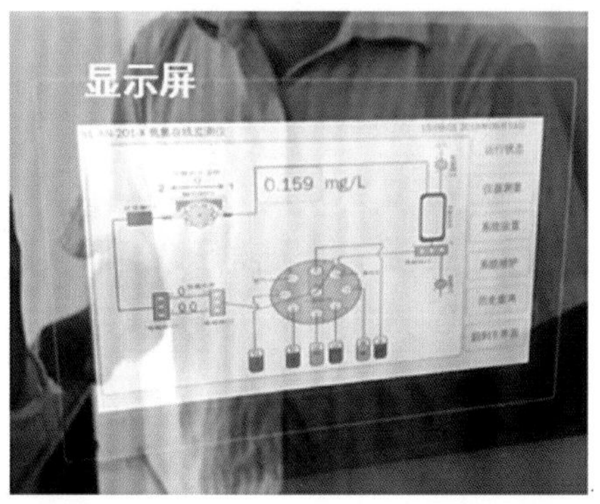

图10-4　用在农村的水质在线监测设备

表10-1　在线水质设备维护保养要点

部位	维护保养要点
仪器本体	定期检查进出管路、转动部分和易损件是否有问题 定期清洁仪器
试剂	及时补充、更换
废液	按照要求回收、处理
潜水泵	确保其进出水口顺畅

续表

部位	维护保养要点
计量管	保持其洁净
测量室和反应室	定期清洗检修
设备连接件	定期检查、紧固、更换易损件
控制柜	定期检查是否正常工作；定期清扫
管道闸阀	定期检修
各类机械设备	定期检修
避雷、防爆装置	定期检修

10.1.6 视频监控设备

视频监控设备是运维管理人员对农村生活污水处理设施进行实时监控、获得视频、图像等数据的基础设备，实时监控有利于及时、高效地指挥和处理突发事件。运维人员应定期检查远程监控设备是否运行正常。使用视频监控设备时应注意以下问题。

（1）定期对监控相关设备（监视器、摄像头、防护罩等）除尘和清理；

（2）定期检查监视器，确保其正常工作；

（3）定期检查易老化部件，有问题及时更换、维修。

10.1.7 电控柜

运维人员应定期对电控柜（图 10-5）进行维护保养，包括以下方面：

（1）在断电情况下清扫电控柜内部和外部；

（2）检查电控柜内部的各仪表、器件、电线、线圈、接头等有无异常，发现异常应及时修理或更换；

（3）检查传感器、仪表安装固定是否有松动；

（4）检查开关、继电器、接触器等触点吸合是否良好，是否能正常工作；

（5）检查控制回路及控制器是否工作正常。

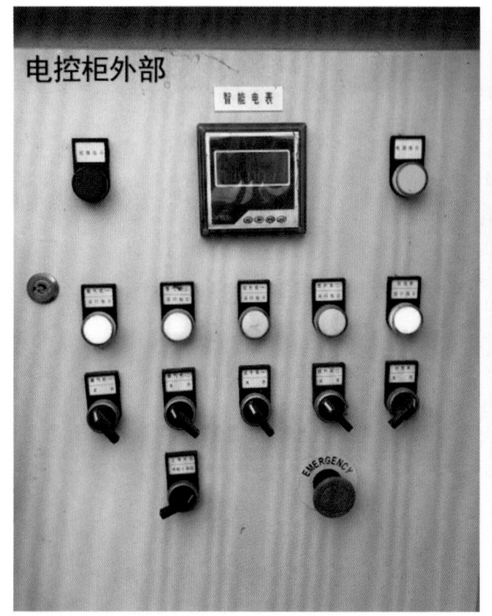

图10-5　电控柜示例

10.2　配套管件

10.2.1　管道

定期维护保养配套管道：

（1）定期检查管道，若有渗漏、堵塞、损坏的情况，应及时修理或更换损坏的管道；

（2）定期清扫管道内淤积物；

（3）定期检查各井盖，若有破损，应及时更换。

10.2.2　阀门

定期检查阀门、阀体、密封圈、连接螺母等，是否损坏、是否发生泄漏。如有损坏或泄漏情况，应立即对相关部件进行维修更换。

定期检查阀门外部和活动位置是否存在积泥、杂物等，并及时清理。

定期对阀门补油进行润滑，以减少磨损等故障，便于阀门的开启或闭合。

10.2.3 出水井

出水井（图10-6）设置在处理系统之后，运维人员应定期对其进行维护保养：

（1）定期检查出水井出水是否正常，确保其排水通畅。

（2）定期清理出水井中淤积物、漂浮物等，保持其整洁。

（3）定期检查出水井是否有渗漏、破损现象，并及时进行维修。

（4）出水井内出现管件、阀件等损坏，应及时更换。

图10-6 出水井

10.3 其他附属设施

10.3.1 公示牌

为促进信息共享和民主监督，农村生活污水处理设施应设置公示牌（标识牌），公示牌上应有工程名称、工程概况、工艺流程、流程说明、建设单位、设计单位、施工单位、运维单位（附负责人联系电话）等内容（附件2）。为方便处理设施的信息化管理，可参照浙江省《农村生活污水治理设施编码导则（试行）》，对每个农村污水处理设施设置唯一的设施代码（附件3）。

运维人员应定期对公示牌进行维护。有损坏时，应及时维修；内容有更新或看不清时，应及时更换；公示牌被遮挡时，应及时清除遮挡物；公示牌倾倒时，应及时复位、加固。

10.3.2 控制房

处理终端内一般会设置控制房（图 10-7），内部主要放置电控柜、电磁流量计仪表等。

运维人员应定期检查控制房内外，并对其进行清扫清理，保持卫生整洁。若发现控制房的门、窗、锁、墙等有损坏，应及时进行维修更换。离开处理终端时，运维人员应关好房门窗并上锁。

图10-7 控制房

10.3.3 围栏

处理终端四周一般会设置围栏（图 10-8）并上锁，主要为防止无关人员进入而发生安全事故。运维人员应定期打扫围栏上的灰尘等，保持围栏的卫生整洁。围栏周围应禁止垃圾、杂物等的堆放。围栏出现损坏等情况，应及时维修或更换。

图10-8　围栏

10.3.4　景观绿化

处理终端内部一般设有草坪进行绿化。运维人员应定期对草坪浇水、修剪。若有大量杂草发生，应进行人工除草，避免使用化学药剂除草。

第11章 应急处理

运维单位应该对停电、自然灾害及人员受伤等情况制定好应急预案并组织好培训。运行管理人员和运维人员应严格按照本岗位的安全操作规程应对紧急事故的发生，并熟悉相应的急救方法。运维人员应定期接受应急处理相关的培训、考核及演练。运维人员在应急作业时，应记录应急作业情况及照片，若发现安全隐患应当立即停止作业并上报相关部门。另外，运维人员还应熟识常见的安全标志（附件 4），避免周围的危险状况。可参考浙江省《农村生活污水处理设施运行维护安全生产管理导则》加强安全意识，规范安全管理措施。

11.1 设施故障

处理设施出现停电或进水（水质、水量）异常情况时，运维人员应尽快查明原因，按照相关要求采取相应措施，做好记录存档并进行上报。

11.2 事故灾害

11.2.1 火灾

发生火灾时，应立即使用灭火器对火灾进行扑救；若无法控制火势，则应疏散现场人员并切断终端电源，如实报火警。另外还应立即通知运维单位相关负责人及业主主管部门。

扑灭火灾后，运维单位相关负责人应立即确认人员和受损物资的情况，并向公司及业主主管部门汇报，做好记录并存档。

11.2.2 台风

运维单位相关负责人应关注天气预报，事先通知运维人员做好防台风的准备。

通过优化调度，尽量减少运维人员台风期间的巡检和现场作业。

提前准备好抢险人员和车辆，以应对突发事件。

11.2.3 暴雨

运维单位相关负责人应关注天气预报，提前负责布置处理终端防暴雨及排水防涝工作，组织运维人员进行安全防护等工作，并加强室外电气设备防护。

提前组织紧急抢险小组，以应对紧急事件的发生。

11.3 人员受伤

11.3.1 溺水

若遇人员溺水，运维人员应当在注意自身安全的情况下把溺水者从水中救起，或向溺水人员抛投救生物品，还应立即拨打120急救电话，通知运维单位相关负责人及业主主管部门，做好记录并存档。

11.3.2 触电

若遇人员触电，运维人员应立即断电，让触电者快速脱离触电状态，按照表11-1对不同程度的触电人员进行抢救，并拨打120急救电话，并通知企业相关负责人。

表11-1 触电人员现场抢救措施

触电程度	现场措施
轻微	让触电人员平躺，等待救护
中度	让触电人员平躺，保持空气流通，便于呼吸，等待救护
重度	对触电人员进行正确的抢救，为等待救护争取时间

11.3.3 雷击

雷雨时，运维人员应就近找建筑物进行躲避，避免在室外使用电气设备、手机，不接触金属物品。若发现有人员被雷击，应立即拨打 120 与急救中心取得联系。

11.3.4 中毒

农村污水处理中比较常见的有甲烷、硫化氢、一氧化碳等气体导致人员中毒的情况。若发现有人员中毒应立即拨打 120 急救电话，并通知企业相关负责人。若井下作业时发生气体中毒，抢救人员应戴上防毒面具，对作业点进行通风，并与井外人员保持联系，中毒人员救出后应置于通风好的地方，实施急救手段，等待救护或调派车辆将中毒人员迅速送往医院。

11.3.5 咬伤

运维人员应尽量避免进入草丛中被蛇等危险生物咬伤。一旦有人员被蛇、虫等危险性的生物咬伤，伤者应保持镇静，切勿惊慌、奔跑，并立即拨打 120 送往医院治疗，及时上报。

11.3.6 物体打击

污水处理设施现场常见检查井盖、运维工器具等物体由于惯性力作用，造成运维人员受伤的情况。运维人员在实施运维工作中应严格按照各工器具操作规程，佩戴安全帽，注意安全，远离危险。一旦有人被物体击中，应立即拨打急救电话，并及时上报。

11.3.7 机械伤害

运维人员在对各种设备、设施进行巡检养护、维修时，应注意自身安全。特别在对泵、风机等电气设备进行维护时，应先切断电源，严格按照其检修规程，注意避免被诸如风机的飞轮等极具伤害性的部件弄伤。

11.4 公共卫生事件

为有效应对公共卫生事件（例如疫情等），防控病毒通过污水、粪便进行传播扩散，运维单位首先应对运维人员进行防控工作的培训，提高运维人员的认识和重视度。

运维单位应加强对运维人员的体温检测和防护用品消毒；采用含氯消毒剂，例如次氯酸钠等，加强对处理设施出水的消毒处理；对易被进入的污水处理设施应设置警示牌，提醒无关人员不得进入。另外，污水处理过程中病毒易从液相转移到污泥中，应加强污泥脱水、运输、处理，人员防护，避免人与污水、污泥直接接触。

运维单位应充分利用运维管理平台对处理设施进行监控管理，减少人员交叉感染。若需运维人员进行现场运维工作，运维人员应穿戴防护服、口罩、防水手套、护目镜等防护用品，完成运维工作后须对人员和车辆进行消毒。

运维人员应尽量避免下井作业和清掏工作。若确实需进行下井作业和清掏，运维人员应穿戴防护用品，按照防控要求进行作业。另外，如需进入疫情防控范围进行处理设施维护或清掏等工作的，运维单位应通过当地运维主管部门向疫情防控管理部门申请，按照当地疫情防控的要求，做好运维人员的防护，工作结束后应进行消毒。

其他防控措施参照当地相关规定。

第12章 运维管理平台

运维管理平台通过计算机、物联网、通信技术等与农村生活污水处理设施形成有效连接，能够对运维管理数据进行及时上传与反馈，平台一般包括网络及信息系统、服务器、展示屏幕等（图 12-1）。运维人员和运维单位相关负责人通过企业运维管理平台能够更好地了解与管理处理设施。

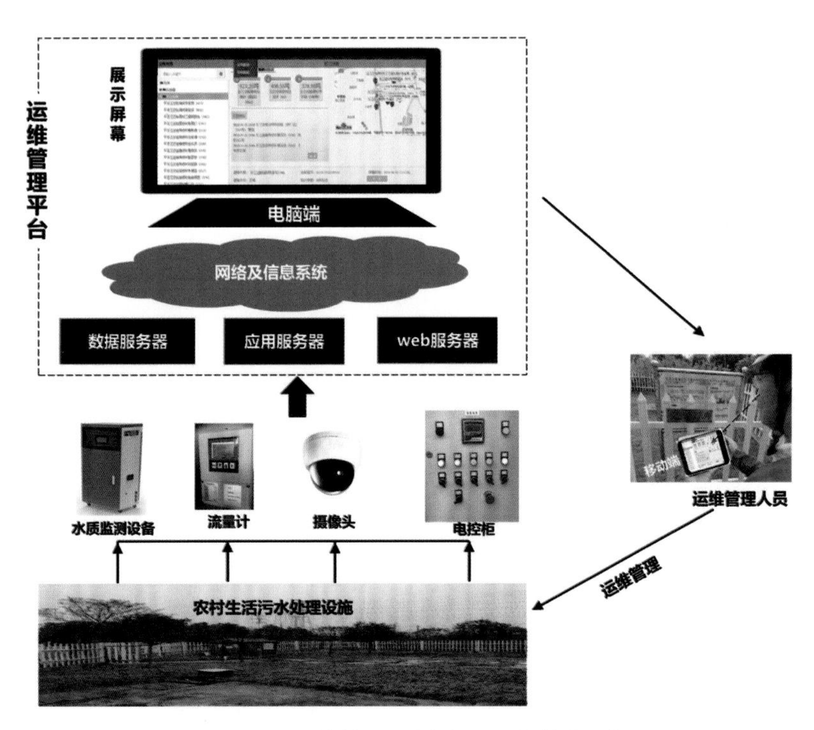

图12-1　运维管理平台与处理设施关联示意

12.1 基本工作要求

平台宜包括处理设施基本信息、报表管理、考核管理、培训管理、资金管理、运维效果、动态监测等主要模块，具有设施运维管理信息上传反馈机制，能为处理设施提供运维管理工作支持（表 12-1）。

平台的主要工作目的包括：（1）收集处理设施基础信息，包括设施地点、规模、工艺等；（2）采集设施运行在线状态，解析相关数据，及时发现故障，指导运行维护；（3）向政府上报信息；（4）统计运维效果并提升内部管理。

表12-1　平台基本要求

项目	基本要求
平台运维管理系统	至少具有处理设施在线监视监测与信息档案管理两大功能
监控摄像头、数采仪、服务器等相关监测设备	具先进、可靠、成熟、易维护的品牌产品，有良好质量保证和完整售后服务，有完整的配件、附件、备品备件
展示屏幕	优先采用液晶屏控制系统
展示内容	随时展示站点档案、地图显现、设备运行情况监管、流量统计分析、视频监控、考勤、水流量报表、风机水泵等设备运行状态报表、考勤统计、工单执行情况、站点运行状况分析、告警信息需求等
移动应用程序	应开发相应的移动应用程序（APP）
硬件软件设计	充分考虑安全性、可靠性、可维护性和可扩展性

一般来说，运维管理平台至少包括应用层、数据中心层、数据采集层。

平台应用层的主要功能应包括：（1）实现处理设施基本信息、运维服务机构基本信息的上传与管理，支持信息按区域划分、查询等；（2）支持处理设施运行数据的实时监测，根据数据类型设置触发告警机制；（3）支持处理设施运行数据按月核查、统计分析、历史数据查询、报表导出；（4）支持与政府监管服务平台进行对接，支持各类数据保障数据完整、准确、有效传输。另外，建议平台应用层支持处理设施运维活动的管理，包括运维巡检、维修、养护等工作的流程设置，运维人员的考核监督；支持平台自动派发工单以及用户跟踪工单处理结果。

平台数据中心层主要指数据管理服务器，应为市场和国内外面向服务、互联互通架构体系的主流产品，具有兼容性、可扩展性。服务器采集的原始数据应至少能保存1年，统计和汇总数据应永久保存。根据运维管理实际情况，运维单位可选择租用云服务器或者自建服务器机房。

平台数据采集层应采用有线或无线传输方式，建立通信传输网络，保障视频、图像、水质、水量、水位、设备状态、用电数据等可靠、安全采集。

平台宜开发相应的移动应用程序（APP）辅助现场运维管理数据上传至运维管理平台系统。

目前，浙江省农村生活处理设施的运维单位普遍建设了运维管理平台，其平台大都具备以下功能。

（1）设施基础信息：设施地点、规模、工艺；

（2）设备监测：泵和风机开停，图像抓拍及视频监测；

（3）简单控制：部分较大规模设施能够实现泵和风机的远程启停控制；

（4）运维记录：手工运维记录、水质定期监测手动上传。

12.2 平台运行维护

平台应经硬件调试和联机调试都合格后方可投入使用。运维单位应设置专人负责平台及机房的维护，具体维护内容可参照表12-2。

表12-2 平台运维内容

项目		运维内容
网络系统	技术参数	定期检查，及时处理故障隐患，确保正常运行
	网络配件、传输线路	定期检查，老化的部件（如网络模块、网络线等）应及时更换
服务器	系统参数	定期检查服务器总流量、中央处理器（CPU）、内存使用情况，服务器告警、操作系统日志等各项系统参数，及时排除故障
	软件、硬件	定期检查，及时诊断，排除故障
	服务器	定期进行病毒检测，升级杀毒软件

续表

项目		运维内容
展示屏幕	线路连接及标注情况	定期检查，发现异常，应及时处理
	易老化部件	定期检查，及时更换
	控制系统、展示设备	定期检查，及时排除故障
信息维护管理	处理设施联网情况	定期网络巡检,查看各设施的视频、水量、运行状况，视频异常的通知链路提供单位处理，其他异常情况立即通知运维人员现场处理，并做好记录
	系统日志数据	定期检查，做好相关备份
	整体运维数据	定期统计整理后归档，并按要求上报

12.3 平台告警处理

平台预警和告警的分析处理主要包括日常巡查养护提醒、维修提醒、水质检测提醒、水量异常告警、水质异常告警、效果异常告警和设备异常告警等功能。

平台运维人员应每天及时处理预警和告警信息；若平台不能自动实现预警和告警，应人工完成预警和告警的统计分析。

平台运维人员应根据告警内容，基于平台完成远程检查和操控，若不能解决，应及时派发相应工单。

第13章 水质监测

水质监测是做好农村污水处理设施运行监管的重要抓手。掌握进水水质数据，有利于更好了解污水收集情况和原水水质；掌握出水水质情况，有利于确认是否符合排放标准和公共卫生要求；掌握处理过程水质，有助于运维单位把握处理设施的运行状态和运行质量，发现水质问题，便于优化调整设施运行条件，对于评判设施建设和运维效果、确定提升改造方向等并采取相应的对策都至关重要。本章总结了水质检测的方法、要求和注意事项。各地应根据具体需要，因地制宜对水质监测方法和监测频率等进行选择。

13.1 监测目的与监测频率

根据监测目的，农村污水处理设施的水质监测可大致分为运维自检和监管检查两种。运维自检适用于设施运维方，主要目的是自行了解处理设施的运行状态，从而有针对性地指导运维对策。因此，运维自检的测试频率较高，需要测试方法便捷快速且有较好的经济性。监管检查适用于主管部门，主要目的是监督设施排水的达标情况或考察设施运维质量。因此，监管检查可以采取抽检的方式，将样品量和测试频率控制在较低程度，对测试方法的快速性和经济性相对要求不高，但是由于可能涉及监管执法，所以对测试准确性的要求相对较高。

监测目的和设施处理规模不同，水质监测频率会有所差别。以浙江省为例，2017 年浙江省住房和城乡建设厅发布的《农村生活污水治理设施出水水质检测与结果评价导则》，规定了“企业自检（运维自检）、运维主管部门委托检测、环保部门监督性抽测”的“三级水质监测制度”，对不同处理规模的设施实施不同频次或比例的自检和抽检，并把水质检测作为运维监管和运维成效评价的重要抓手。检测导则规定了检测的频次和抽检比例，具体为：运维自检，要求日处理能力 30 吨以上设施每月一次，10~30 吨设施每两月一次，10 吨以下设施每季度一次；县级主管部门或镇级相关管理机构抽检，要求委托有资质的第三方检测单位，日处理能力 30 吨以上设施每季度一次，10~30 吨设施每半年一次，10 吨以下设施每年不少于一次；县级环保部门监督检查，要求日处理能力 30 吨以上设施抽检比例不低于处理设施总数的 15%，10~30 吨设施的抽测比例不低于 5%。此外，导则对水质检测化验室条件、检测指标技术、检测结果报送等明确了技术要求。2019 年《浙江省农村生活污水处理设施管理条例》发布实施，对不同规模设施的水质检测要求重新进行了规定，要求户用处理设备每年检测出水水质不少于两次，集中式处理设施需同时监测进水和出水水质，每季度不少于一次，200 吨/天以上的设施需安装水量和水质在线监测设备等。2022 年出台的《浙江省农村生活污水处理设施水质检测导则》进一步规范了《农村生活污水治理设施出水水质检测与结果评价导则》，并增加了在线监测的内容。其中，运维自检，要求日处理能力 30 吨及以上设施每月不得少于一次，30 吨以下设施每季度不得少于一次，自检报告参照《农村生活污水水质化验室技术规程》（DB33/T 1257—2021）。运维单位检测频率要求详见附件 5。

13.2　监测点位与测试指标

在污水处理设施的总排放口设置点位，监测设施出水的水质达标情况。同时，还需监测设施的进水水质，对污水处理设施的整体处理效率做出评价。此外，为了保证农村生活污水处理设施有效运行，排入污水处理设施的农村排水户污水须满足国家或地方的相关排入要求。监测农户生活污水排入特征时，污水排入监测点位设置在接户井。除上述监测点位之外，其他点位的设置根据目的来定，比如，运维时需了解好氧池挂膜材料菌膜生长及微生物群落特征，则按照好氧池挂膜材料分布等特征来确定。

13.3 水质监测模式分类

农村生活污水的水质监测可分为三种模式：水质常规检测、水质快速检测、水质在线监测。水质常规检测是将水样带回实验室后按照国标法进行分析的方法，该方法的优点是检测结果准确，有利于执法监管，缺点是价格贵、时效性差，不能支持现场运行维护。水质快速检测利用快检试剂进行检测，可以现场得到检测结果，时效性好，能够为设施的运行维护提供有力数据支撑，缺点是测试准确度降低，且国内尚未建立稳定可靠且价格低廉的标准化方法。水质在线监测技术是利用水质在线监测设备和物联网技术实时监测水质变化的方法，优点是便捷快速，时效性好，缺点是安装和维护价格高，在农村较难普及。

目前，全国各地对于农村生活污水的水质检测方法尚没有明确的规定。从测试指标来看，全国31个省（区、市）制定了处理设施水污染物排放标准，要求采用国家标准方法对出水水质进行检测。pH、化学需氧量、悬浮物、氨氮、总磷几乎是所有地区的必测指标，此外有些省（区、市）或敏感区域还需要增测总氮、动植物油BOD_5、粪大肠菌群、阴离子表面活性剂等指标。

常规水质检测对设施问题的诊断有滞后性，现场进行水质快速检测能够在最短时间内为处理设施的问题诊断提供科学依据，为采取合理的应对措施提供保障，对指导农村生活污水处理具有重要意义。但是，目前国内对于农村生活污水的现场速测还没有相关的标准及规定。因此，以下介绍一些对设施现场问题诊断有用且能够进行快速测定的指标（表13-3）及经验。图13-1所示为市面上一些快速水质检测工具的示例。

（1）pH：生活污水的pH一般为中性或弱碱性，但偶尔也会因排水性质而变化。污水在进行厌氧分解、硝化和反硝化反应过程中，pH值会发生变化。所以，pH对于指示污水处理状况是极其重要的。现场通常对每个生化处理单元都要测量pH，一般采用便携式pH计或试纸。

（2）COD：是指以化学方法测量污水中能被强氧化剂氧化的物质的氧当量，能够表征污水中有机污染物的量。市面上COD快速测试盒采用碱性高锰酸钾法，测定时无须加热，测定简易快速，适用于成分简单的农村生活污水。使用者通过比较反应溶液与标准色卡的颜色（比色法），现场 10 分钟内即可以完成分析，避免将大量样品带回实验室后才能出检测结果。

（3）氨氮（NH_3-N）**：** 氨氮检测通常有纳氏比色法、苯酚－次氯酸盐（或水杨酸－次氯酸盐）比色法和电极法等。市面上的氨氮速测包一般使用靛酚蓝法。待测水溶液与试药反应发色后，于指定时间内比对标准色卡，判读其浓度值。

（4）总磷（TP）**：** 虽然水中的磷以各种形态存在，但一般以磷酸根离子（PO_4^{3-}-P）进行测定。在现场，根据比色法可以对 PO_4^{3-}-P 进行相对简单的测定。市面上有磷酸盐速测包，采用磷钼蓝比色法，现场 5 分钟以内可完成速测。

（5）余氯： 在公共卫生事件期间，污水排放环境之前，需进行消毒。对于最常使用的含氯消毒剂，在消毒过程中氯被消耗，最后出水里剩余的未被消耗的氯就是余氯。如果氯接触时间不少于 30 分钟，且出水能测量到 0.3~0.5 mg/L 余氯，则可推测出水的大肠菌群的数值符合排放标准。现场测量余氯一般是采用快速检测试纸或便携式余氯测试计。

便携式pH计

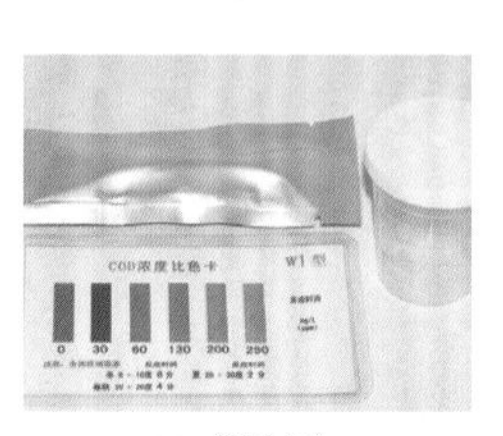

COD测试包

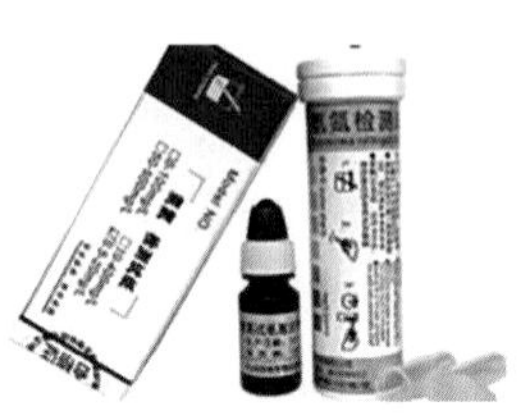
氨氮测试包

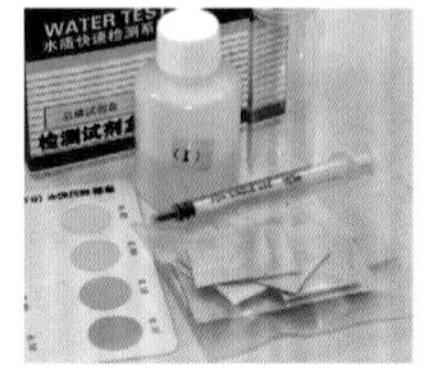
总磷测试包

余氯测试计

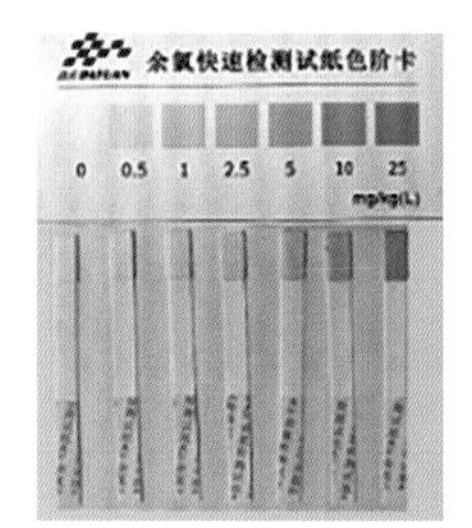

余氯测试纸

图13-1 快速水质检测工具示例

（6）**水温**：影响生物处理过程中微生物的活性和溶解氧含量（饱和溶解氧浓度），是评估生物处理性能的重要参数。水温过低（例如低于10℃）时，硝化细菌增殖缓慢，硝化反应停滞。现场通常测量生物反应池的水温，采用DO仪或pH计里附带的温度计，也可使用水温计。

（7）**溶解氧（DO）**：在污水的好氧（曝气）处理过程中，微生物的呼吸和有机物分解需要消耗氧气。DO的变化显示了氧供应量与氧消耗量的差值。在好氧处理单元（曝气池），要求必须保持一定浓度以上的DO，以确保有机物降解和硝化反应所需的氧气。另一方面，在脱氮等厌氧处理过程中，DO必须确保在0值附近。现场的DO测定一般使用便携式DO仪，厌氧段DO应低于0.2 mg/L，缺氧段DO控制在0.2~0.5 mg/L，好氧段DO一般高于2 mg/L。

（8）**氧化还原电位（ORP）**：能够反映生物池中混合液氧化还原能力的强弱，单位为mV。ORP值为正的时候表示处于氧化状态，数值为负的时候表示处于还原状态。根据ORP值的大小，可以了解混合液中氧化反应或还原反应的进行状态。混合液中DO越高，则ORP越高。当DO几乎检测不出来的时候，用ORP能更有效地反映混合液的氧化或还原状态。一般生物脱氮除磷工艺中，厌氧段ORP低于-250 mV，缺氧段ORP在-150 mV左右，好氧段ORP则高于100 mV。

（9）**30分钟污泥沉降比（SV_{30}）**：指将活性污泥混合溶液置于1 L量筒中，使其静置30分钟后沉淀污泥的体积百分比。沉淀污泥的体积百分比越小，表明活性污泥的沉降性越好。通过SV_{30}可得知活性污泥的沉降性和固液分离性能等。内置填料的生物处理设施可不考虑此指标。

表13-3　现场速测指标

序号	指标	方法	参考值
1	pH	快速检测试纸	6~9
2	COD	COD 测试包	可参考各地现行处理设施水污染物排放标准限值（表1-2）
3	氨氮	氨氮测试包	
4	总磷	磷酸盐测试包	

续表

序号	指标	方法	参考值
5	出水余氯	快速检测试纸或便携式余氯测试计	0.3~0.5mg/L
6	水温	水温计	不低于 13℃
7	溶解氧（DO）[a]	溶解氧仪	厌氧段 DO<0.2 mg/L 缺氧段 DO 在 0.2~0.5 mg/L 好氧段 DO>2 mg/L
8	氧化还原电（ORP）[b]	氧化还原电位仪	厌氧段的 ORP<-250mV，缺氧段 ORP 在 -150mV 左右，好氧段 ORP>100mV
9	30 分钟污泥沉降比（SV_{30}）	1L 量筒	15%~30%

注 a、b：两个指标二选一进行测定。

农村生活污水处理设施水质在线监测指标一般包括COD、总磷、氨氮、总氮、pH等。目前国家层面没有对农村生活污水的水质在线监测有具体规定，只有少数省（区、市）对水质在线监测做了一些规定。例如，北京市《农村地区生活污水处理设施水量水质实时监控技术导则》（DB11/T 1852—2021）提出根据区域日处理生活污水规模（100~500 m^3）的不同，可选择性安装pH、浊度、氨氮、COD_{Cr}的水质在线监测设备，且水质指标传输频率不小于6次/日，日处理规模100 m^3以下的区域不做要求。《浙江省农村生活污水处理设施管理条例》要求日处理量在200吨及以上的处理设施需进行进出水质实时监测，《浙江省农村生活污水处理设施在线监测系统技术导则》对在线水质监测点位及要求做了基本规定，可以参照表13-4，而对于其他更小规模的处理设施大多数省（区、市）暂不要求实时监测水质。在线水质监测的记录数据应按照当地要求及时进行反馈和上传。

表13-4　浙江对日处理量200吨以上处理设施的在线水质监测要求

在线监测指标	监测点位及要求		测试方法 / 标准
	进水口	出水口	
化学需氧量（COD_{Cr}）	必须安装	必须安装	重铬酸钾消解 - 氧化还原滴定法 /HJ 377—2019

续表

在线监测指标	监测点位及要求		测试方法 / 标准
	进水口	出水口	
总磷（TP）	执行一级标准时必须安装	执行一级标准时必须安装	钼酸铵分光光度法 / HJ/T 103—2003
氨氮（NH_3-N）	必须安装	必须安装	纳氏试剂分光光度法或水杨酸分光光度法 / HJ 101—2019
总氮（TN）	选择安装	选择安装	碱性过硫酸钾消解紫外分光光度法 / HJ/T 102—2003
pH 值	必须安装	必须安装	pH 计 /HJ/T 96—2003
悬浮物（SS）	必须安装	必须安装	悬浮物在线监测仪
电导率	选择安装	选择安装	电导率仪 /HJ/T 97—2003

参考《浙江省农村生活污水处理设施在线监测系统技术导则》。

13.4 水质记录、分析与报送

运维单位应按国家及地方的相关规定，定期对处理设施的进出水进行水质检测，并填写水质检测记录表，完成检测结果的评价和报送。水质检测人员应按相关要求填写水质检测记录表（可参考附表 4），及时将检测数据报送至水质检测部门负责人，并上传至运维管理平台。

运维单位应根据水质检测数据结果，及时对不达标或处理效果不好的设施进行原因分析并针对性开展运维工作。同时应根据当地要求，及时向运维主管部门上报自行检测数据和结果评价，出水污染物限值标准应按照当地农村生活污水处理设施水污染物排放标准进行评判。另外，浙江省还定义了行政村覆盖率和出水水质达标率，详见附件 6。

第14章 运维效果评价

运维单位对处理设施进行运维管理后，需要对其运维工作的效果进行评估。根据国家及地方标准，目前处理设施运维评价主要分为“运行效果评价”和“运维行为评价”两种。运行效果评价是指从污染物去除效率、设施运行状况、环境效益、能耗物耗和公众满意度等角度对处理设施的污染物去除实效进行评价。运维行为评价是指从设施运维、运维记录、运维人员行为规范、运维服务机构管理、安全管理、评价报告等角度对处理设施运维行为的规范性进行评价。由于农村污水处理设施的运行效果受设施建设质量和运维维护的影响都很大，因此单纯用运行效果来评价设施运维工作往往不够公平科学，以运维行为评价为主、运维效果为辅在目前阶段更为切实可行。

14.1 运行效果评价

《农村生活污水处理设施运行效果评价技术要求》（GB/T 40201—2021）规定了处理规模为500 m^3/d及以下的处理设施运行效果的评价条件、指标及方法，具体内容如下。

14.1.1 评价条件要求

处理设施进行运行效果评价应满足以下基本条件：（1）应在通过环保验收后进行运行效果评价；（2）评价周期内没有安全生产责任事故，没有重大安全隐患，没有安全生产处罚；（3）评价周期内没有环境污染事故，没受到环保处罚。如果处理设施没有达到前述基本条件，可整改后再参加评价。

另外，处理设施运行效果评价的数据要求真实可靠，比如设计数据应从甲方获得，运营相关数据应符合检测要求及规范。

14.1.2 主要评价指标

对处理设施运行效果的评价一共有 5 个一级指标：设施运行状况（处理设施的有效利用程度）、环境效益（处理设施在运行过程中对污染的去除效果）、能耗物耗（处理设施运行中电能、除磷剂的消耗水平）、运行管理（对处理设施运行管理操作与维护）、公众满意度（反映处理设施运行中产生二次污染，影响公众正常生活而引起的投诉情况），分值分别为 20 分、30 分、20 分、20 分和 10 分，合计 100 分，其详细的计分如表 14-1 所示。该表中二级指标的具体得分方法及计算公式参照 GB/T 40201—2021。

表14-1 农村生活污水处理设施运行效果评价指标及分值汇总

序号	一级指标	二级指标	含义	分值
1	设施运行状况	设施设备运行率	处理设施有效运行（日水力负荷率大于 30%）天数占评价周期天数的百分比	10
		平均水力负荷率	处理设施实际处理污水量占设计规模的百分比	10
2	环境效益	水质达标率	处理设施出水水质达标次数占评价周期内抽检总次数的百分比	30
3	能耗物耗	单位污水处理电耗	处理设施处理单位污水时所消耗电量的平均值	10
		单位污水处理药耗	处理设施单位污水所消耗絮凝剂的综合平均值	10
4	运行管理	运行管理制度	包括运行管理制度及规程；运维手册；人员培训制度；检测化验室管理制度、技术规程及水样检测符合国标规定等	5
		运行维护记录	包括水量数据、水质检测数据、水质在线监测数据、电耗数据、药耗数据、污泥台账、设备维修维护记录等	6

续表

序号	一级指标	二级指标	含义	分值
4	运行管理	环境与标识	包括厂站环境状况；厂站、构筑物、设备等标识牌信息齐全；及时清理栅渣、无乱堆放现象	3
		安全管理	包括建立安全生产制度、安全事故报告制度和安全管理体系；制定安全操作规程并执行到位；制定意外事故应急机制和紧急预案；在岗员工按规定穿戴劳保用品，采取有效保护措施；设置安全标志、警示牌及事故照明设施；定期进行安全、急救培训等	6
5	公众满意度	有效投诉次数	处理设施运营考核过程中被公众有效投诉的次数	6
		投诉处理率	接到公众有效投诉后的回复处理次数占总有效投诉次数的比例	4
总分				100

参考 GB/T 40201—2021。

14.1.3 效果评价报告

根据上述指标的得分情况，可将处理设施运行效果评价等级分为五个等级（表 14-2），然后出具运行效果评价报告（主要内容包括处理设施运行概况、处理工艺流程和性能参数、执行的排放标准、运行效果评价试验、处理设施运行状况评价、环境效益评价、能耗物耗评价、运行管理评价、公众满意度评价、存在问题及整改建议、评价结论）。

表14-2 农村生活污水处理设施运行效果评价等级

总得分（F）	评价等级
$F \geqslant 90$	优秀
$80 \leqslant F<90$	良好
$70 \leqslant F<80$	较好
$60 \leqslant F<70$	一般
$F<60$	差

参考 GB/T 40201—2021。

14.2 运维行为评价

目前国家层面没有对如何评价运维单位的运维行为规定具体的标准。浙江省于 2020 年 8 月发布了《农村生活污水处理设施标准化运维评价标准》(DB33/T 1212—2020)，提出“标准化运维”的术语，旨在标准化运维单位的运维行为，并对其进行评价。该标准规定运维单位应对处理设施（特别是处理规模为 30 m^3/d 及以上的处理设施）实施标准化运维，并向乡镇（街道）上报标准化运维评价年度计划，及时组织评价工作，其标准化运维评价流程如图 14-1 所示，具体内容如下。

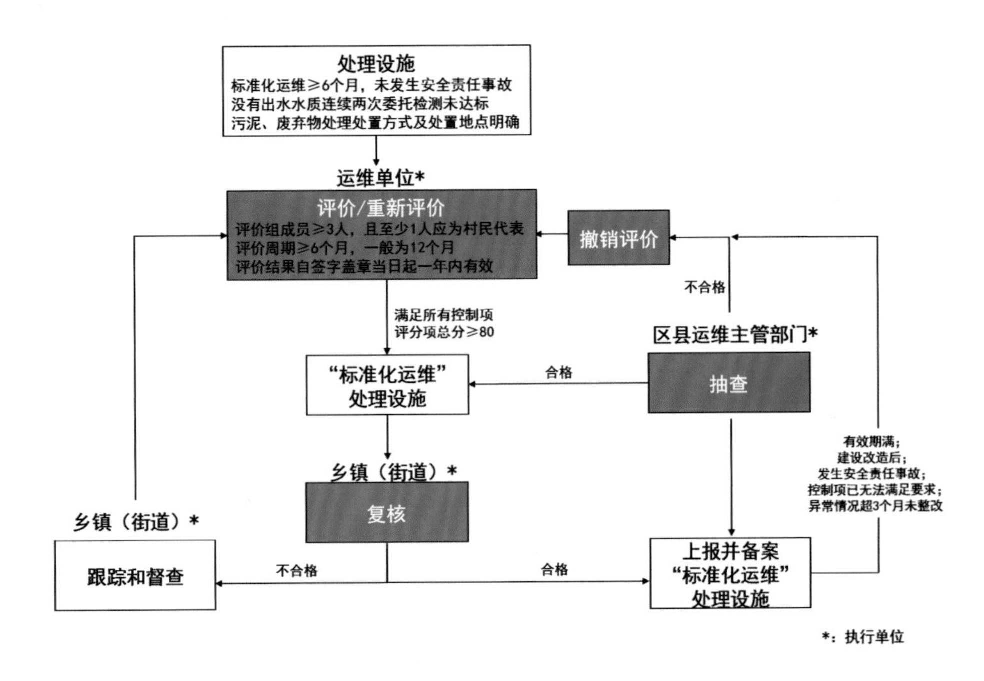

图14-1 标准化运维评价流程

14.2.1 评价条件要求

参与标准化运维评价的处理设施应同时满足以下两点条件：（1）按处理设施标准化运维管理体系运维满 6 个月以上（含），且未发生安全责任事故；（2）正常运行 6 个月以上（含），没有出现出水水质连续两次委托检测未达到其承诺要求，且污泥、废弃物处理处置方式及处置地点明确。

评价组成员不得少于3人，且至少1人应为处理设施所在地村民代表。评价周期不应少于6个月，一般为12个月。评价结果自乡镇（街道）签字盖章当日起1年内有效。评价报告分为评价、复核和抽查，包括设施概况、评价年度、评价时间、评分记录、存在问题、相关建议、整改情况、评价结论、评价组成员签名。

14.2.2 评价、复核和抽查

（1）评价

处理设施标准化运维评价体系包括管网设施、处理终端、运维单位、运维人员、运维记录和安全管理6类指标，分为控制项（评定结果为“满足”或“不满足”）和评分项（评定结果为分值，见表14-3），具体可参照DB33/T 1212—2020。满足所有控制项要求且评分项总得分在80分（含）以上的处理设施，评价为“标准化运维”处理设施。

表14-3 评价指标的评分项分值汇总

序号	评价指标	分值
1	管网设施	25
2	处理终端	30
3	运维单位	15
4	运维人员	10
5	运维记录	15
6	安全管理	5
合计		100

参考DB33/T 1212—2020。

（2）复核

评价结束后，运维单位应向处理设施所属乡镇（街道）提交复核申请，出具评价报告、评分表、出水水质分析报告、问题分析及整改汇总、设施体检报告和影像资料。

乡镇（街道）收到复核申请资料后，应按照DB33/T 1212—2020的要求，组织进行复核，形成复核报告。

（3）**抽查**

复核合格的设施，其评价报告上报区县运维主管部门进行备案，相关资料电子版上传至平台。复核不合格的设施，乡镇（街道）应进行跟踪和监督。

区县运维主管部门应按照DB33/T 1212—2020 的要求，抽查上报的“标准化运维”处理设施，并完成抽查报告。

14.2.3 撤销与重新评价

在评价有效期内发生安全责任事故、控制项发生变化已无法满足要求、出现异常情况超过 3 个月未整改的“标准化运维”的处理设施，“标准化运维”应自动撤销。

被撤销“标准化运维”的处理设施、评价有效期满、复核或抽查不合格、建设改造后的处理设施，都应重新评价。

第15章 运维管理建议及展望

农村生活污水处理是环境规划及管理的新命题，是乡村振兴的重要内容。我国的农村污水治理水平取得了长足发展，但也存在着不足。浙江的农村生污水处理设施先建设，再出排放标准，然后确立运维管理体系，紧接着各种标准、导则相继发布，再到标准化运维和农村生活污水治理专项规划全面铺开，逐渐摸索出浙江运维管理模式。根据浙江省累积的多年经验，可以说农村生活污水处理设施“三分建、七分管”。

15.1 建议

根据浙江省的运维管理经验，结合国家及地方现有的标准、导则等，本书总结出的整个运维管理的标准化操作流程，全国各地可做参考，用以提高当地农村生活污水处理设施运维管理水平，并提出以下建议。

（1）**建立健全法律体系**。目前我国还没有专门针对农村生活污水治理的立法。2018 年修订的《中华人民共和国水污染防治法》第一次提出要求“地方各级人民政府应当统筹规划建设农村污水处理设施并保障其正常运行”。2019 年浙江省颁布的《浙江省农村生活污水处理设施运行维护条例》解决了省内农村污水治理职责不明、无管理依据、无处罚依据等问题，使得农村生活污水治理工作有法可依。建议其他省（区、市）在环境保护法、水污染防治法的大框架下，研究适合于本省（区、市）农村生活污水治理的法规要求。

（2）**厘清运维管理职责及分工**。目前我国农村污水治理主要由生态环境部监督管理，但具体落实到地方政府部门时会涉及建设、农村农业、财政和省市县各级政府部门。建议由国家引导，各地梳理相关部门的职责和分工，形成一个明晰的运维管理职责及分工关系；同时明确运维单位及农户的责任和义务，构建保护农村水环境的全社会责任体系。

（3）**因地制宜做好顶层规划**。建议目前还未大量建设农村生活污水处理设施的地区不盲目新建处理设施，先做好因地制宜、结合实际情况的农村生活污水治理规划，对农村污水治理做好顶层设计，再建设处理设施。结合美丽乡村的建设目标，制定近、中、远期实施计划，避免物资的浪费。

（4）**建立健全运维管理体系**。目前国内尚无统一的运维管理体系，建议各地研究制定科学的、可操作性强的处理设施运维管理体系，并建立相应的评价体系。例如处于运维管理初期阶段的地区，可以先建立适合的标准化运维管理体系；建议已经建成大量处理设施的地区，可以对已建设施加强研究，在摸清特性、全面排查存在的问题的基础上，进行全过程整改并针对性地建立标准化运维方法。此外，促进标准化设计施工和规范化智慧运维监管。

（5）**切实做好运维管理专业培训工作**。目前农村地区缺乏专业运维管理人员，多地处理设施时常出现“晒太阳”的情况。建议治理农村生活污水的所有地区及运维单位备足运维管理人员，并结合“互联网+”技术对处理设施进行数字化、信息化、智慧化的运维监管，减少人力成本；提前做好宣传教育工作，指导、培训好运维管理人员。

（6）**拓宽农村污水治理融资渠道**。我国农村地区普遍缺乏资金，导致运维管理难以维持。建议各地拓宽融资渠道，鼓励经济较发达的地区设立农村生活污水治理专项经费，推行“以奖代补”的形式支持污水治理工作。鼓励社会组织参与处理设施运维管理，支持多种经营模式相结合的专业运维服务队伍的发展，把设施的运维管理推向社会化、专业化、市场化。

15.2 展望

农村生活污水收集处理工程量大面广，是关系到成千上万户农村居民的民生工程。今后在推进农村污水治理工作时，产学研合作推行试点研究、先行地经验推广、资源循环利用、智慧化运维监管，将会是未来的趋势。各地在推进农村污水治理时，应不断反思、提炼经验，总结出适用于当地的工艺技术，形成一套完整的运维管理体系。

宣传教育和专业培训至关重要，运维管理人员是农村生活污水处理设施运维管理工作的核心，运维管理流程标准化是未来农村生活污水处理设施运维管理工作的发展方向。另外，农户既是污水的产生者也是污水治理的受益者，加强农户对污水治理的理解、增强公众参与意识也至关重要。期望本书能够加深运维管理人员对处理设施运维管理工作的认识和了解，也能对全国各地农村生活污水的运维管理工作有参考启示作用。

附　表

附表1　农村生活污水处理设施运维检查记录

<table>
<tr><td colspan="8">____区（县）___行政村____自然村农村生活污水处理设施运维检查记录表</td></tr>
<tr><td>设施名称</td><td colspan="3"></td><td>设施代码</td><td colspan="2"></td><td>处理工艺</td><td></td></tr>
<tr><td colspan="4">检查日期：　年　月　日 □ 上午；□ 下午</td><td colspan="2">天气：□ 晴；□ 阴；□ 雨</td><td>检查人员</td><td></td></tr>
<tr><td colspan="4">数据上报时间：　年　月　日
□ 上午；□ 下午</td><td colspan="2">数值上传运维信息系统：
□ 是；□ 否</td><td>数据接收、录入人员</td><td></td></tr>
<tr><td colspan="8">检查内容</td></tr>
<tr><td rowspan="4">处理终端</td><td>进水量</td><td>□ 正常 □ 异常</td><td>出水量</td><td>□ 正常
□ 异常</td><td>出水口</td><td colspan="2">□ 水清　□ 水浊 □ 臭气无　□ 臭气有</td></tr>
<tr><td colspan="4">设备情况</td><td colspan="3">构筑物情况</td></tr>
<tr><td>电控柜</td><td colspan="3">□ 正常
□ 外观破损 / 锈蚀
□ 按钮标志不清
□ 电器元件异常
□ 线路杂乱
□ 电缆老化 / 破损
□ 无</td><td>格栅 / 格栅井</td><td colspan="2">□ 正常
□ 格栅破损 / 锈蚀
□ 格栅井破损 / 渗漏
□ 堵塞 / 淤积
□ 格栅井内液位是否超过格栅
□ 无</td></tr>
<tr><td>污水泵</td><td colspan="3">□ 正常 □ 堵塞 / 异响
□ 电缆老化 / 破损
□ 管破损 / 脱落 / 渗漏
□ 停运
□ 数量
□ 无</td><td>调节池</td><td colspan="2">□ 正常
□ 池底淤积（沉渣厚度_____）
□ 表面有漂浮物
□ 池体破损 / 渗漏
□ 无</td></tr>
</table>

续表

处理终端	液位计	□ 正常 □ 异常	沉砂池	□ 正常 □ 池底淤积（沉砂厚度____） □ 表面浮渣 □ 池体破损 / 渗漏 □ 无
	流量计	□ 正常，累积流量____瞬时流量_ □ 仪表无显示或数据异常 □ 安装不规范 □ 浸水 □ 管路破损 / 脱落 / 渗漏 □ 无	厌氧池	□ 正常 □ 池底淤积 □ 表面有漂浮物 □ 池体破损 / 渗漏 □ 填料稀少 / 无 □ 运行条件（溶解氧______ 生物膜______水温______ □ 无
	风机	□ 正常 □ 油量不足 □ 异响或过热 □ 不稳固 □ 风压异常 □ 曝气管路破损或堵塞 □ 数量___ □ 无	缺（兼）氧池	□ 正常 □ 池底淤积 □ 表面有漂浮物 □ 池体破损 / 渗漏 □ 填料稀少 / 无 □ 运行条件（溶解氧______ 生物膜_____水温_______） □ 无
	回流泵	□ 正常 □ 堵塞或异响 □ 管路破损 / 脱落 / 渗漏 □ 电缆老化 / 破损 □ 回流量（大 小） □ 无	好氧池	□ 正常 □ 池底淤积 □ 池体破损 / 渗漏 □ 填料稀少 / 无 □ 曝气量异常或不均匀 □ 运行条件（溶解氧_____ 生物膜_____） □ 无
	摄像头	□ 正常 □ 异常 □ 无	沉淀池	□ 正常 □ 池底淤积 □ 污泥上浮 □ 池体破损 / 渗漏 □ 出水不均匀 □ 无

续表

<table>
<tr><td rowspan="7">处理终端</td><td rowspan="2">其他在线监控设备</td><td rowspan="2">□ 电导率仪
（读数______）
□ 在线水量传感器
（读数______）
□ 多参数水质在线监测设备
（读数___________
□ 其他_____
□ 无
生物滤池</td><td rowspan="4">其他工艺
□ 正常
□ 布水不均
□ 堵塞（局部 全部）</td><td>人工湿地</td><td>□ 正常
□ 布水不均
□ 堵塞（局部 全部）
□ 植物缺苗 / 死苗
□ 植物过密 / 病虫害
□ 池体破损 / 渗漏</td></tr>
<tr><td></td><td></td></tr>
<tr><td>管道及阀门</td><td>□ 完好 □ 破损或脱落或渗漏 □ 阀门无法旋转</td><td>MBR</td><td>□ 正常
□ 膜组件堵塞（膜压____）
□ 膜组件破损
□ 膜清液不足</td></tr>
<tr><td>各类井及井盖</td><td>□ 正常
□ 井盖破损
□ 井盖不匹配
□ 井底积水 / 杂物
□ 井破损 / 倾斜
□ 井盖丢失</td><td>SBR</td><td>□ 正常
□ 跑泥
□ 运行时间（进水_____
缺氧_____好氧____
沉淀_____）</td></tr>
<tr><td>景观环境</td><td>□ 正常
□ 脏乱差
□ 需除草</td><td>其他工艺</td><td>其他</td><td></td></tr>
<tr><td>围栏</td><td>□ 完好
□ 破损
□ 无</td><td>出水井</td><td colspan="2">□ 正常
□ 井破损 / 渗漏 / 倾斜
□ 堵塞
□ 进出水不顺畅
□ 无</td></tr>
<tr><td>公示牌</td><td>□ 完好
□ 字迹不清
□ 固定不牢固
□ 歪斜
□ 需更换
□ 无</td><td>其他设施</td><td colspan="2"></td></tr>
<tr><td>接户井</td><td colspan="5">□ 正常 □ 井破损 / 渗漏 / 倾斜 □ 堵塞 □ 井盖破损 / 缺失 / 不匹配 □ 防坠网无 / 破损</td></tr>
</table>

续表

<table>
<tr><td rowspan="4">户内处理设施</td><td>接户管道</td><td>□ 正常
□ 破损 / 渗漏
□ 脱落</td><td rowspan="4">公共管网系统</td><td>检查井</td><td>□ 正常
□ 破损 / 渗漏 / 倾斜
□ 堵塞
□ 井盖破损 / 缺失 / 不匹配
□ 防坠网无 / 破损</td></tr>
<tr><td>化粪池</td><td>□ 正常
□ 破损 / 渗漏 / 倾斜
□ 待清掏
□ 无</td><td>管网</td><td>□ 正常
□ 破损 / 渗漏
□ 堵塞</td></tr>
<tr><td>隔油池</td><td>□ 正常
□ 破损 / 渗漏 / 倾斜
□ 待清掏
□ 无</td><td rowspan="2">提升设施</td><td rowspan="2">□ 正常
□ 脏乱差
□ 提升井破损 / 渗漏
□ 井盖破损 / 缺失 / 不匹配
□ 污水泵异常
□ 流量计异常
□ 液位计异常
□ 电控柜异常</td></tr>
<tr><td>清扫井</td><td>□ 正常
□ 破损 / 渗漏 / 倾斜
□ 待清掏
□ 无</td></tr>
<tr><td>其他问题</td><td colspan="5"></td></tr>
<tr><td>报修内容</td><td colspan="5"></td></tr>
<tr><td colspan="6">注：运维人员在相应的“□”内打“√”，拍摄巡查中的问题照片上传至平台。</td></tr>
</table>

参考 DB3304/T 069—2021。

附表2　农村生活污水处理设施养护记录

养护时间	行政村	自然村	设施名称	设施代码	养护的设施（填：1. 农户端；2. 管网；3. 生物生态处理）	养护项目及内容	养护结果	养护人员	备注	记录人员

参考 DB3304/T 069—2021。

附表3　农村生活污水处理设施维修记录

报修日期	维修日期	行政村	自然村	设施名称	设施代码	维修的设施（填：1. 农户端；2. 管网；3. 生物生态处理）	维修项目及内容	维修方式（填：1. 现场维修；2. 返厂维修；3. 更换）	维修结果	维修人员	数据是否上传至运维信息系统	备注	记录人员

参考 DB3304/T 069—2021。

附表4 农村生活污水处理设施水质检测记录

采样日期	____年____月____日 □ 上午；□ 下午		天气： □ 晴；□ 阴；□ 雨	采样人员	
行政村及自然村		设施名称		处理工艺及规模	
设施代码		检测日期	____年____月____日	检测人员	
排入执行标准			排放执行标准		
水质检测结果					
采样位置	项目名称	单位	结果	是否合格	备注
进水水质 （□ 格栅前、 □ 进水口）	pH	无量纲			
	化学需氧量（COD_{Cr}）	mg/L			
	悬浮物（SS）	mg/L			
	氨氮（NH_3-N）	mg/L			
	总磷（TP）	mg/L			
	总氮（TN）[a]	mg/L			
	粪大肠菌群[b]	个 /L			
	动植物油类[c]	mg/L			
	颜色气味				
出水水质 （□ 出水井）	pH	无量纲			
	化学需氧量（COD_{Cr}）	mg/L			
	悬浮物（SS）	mg/L			
	氨氮（NH_3-N）	mg/L			
	总磷（TP）	mg/L			
	总氮（TN）[a]	mg/L			
	粪大肠菌群[b]	个 /L			
	动植物油类[c]	mg/L			
	颜色气味	无			
水质分析及结论：					
a 仅针对出水排入湖泊、水库等封闭水体的设施。 b 仅针对一级标准区域范围内的处理设施和当地政府指定的控制区域内的处理设施。 c 仅针对含农家乐废水的处理设施。					

参考 DB3304/T 069—2021，也可参考 DB33/T 1257—2021。

附表5 农村生活污水处理设施大修记录

行政村及自然村		填表日期	
设施名称		设施代码	
运维单位			
运维负责人		联系电话	
大修单位			
大修负责人		联系电话	
大修内容及结果			
大修项目及内容	大修时间： 大修项目： 大修内容：		
大修结果			
大修前后对比照片			
数据是否上报至运维信息系统			
业主单位意见	单位（盖　　章） ____年___月___日		
备注			

参考 DB3304/T 069—2021。

附表6　农村生活污水处理设施应急处理记录

<table>
<tr><td>行政村及自然村</td><td></td><td>填表日期</td><td></td></tr>
<tr><td>设施名称</td><td></td><td>设施代码</td><td></td></tr>
<tr><td>运维单位</td><td></td><td>事故报告人</td><td></td></tr>
<tr><td>负责人</td><td></td><td>联系电话</td><td></td></tr>
<tr><td colspan="4">应急处理情况及结果</td></tr>
<tr><td>事故情况</td><td colspan="3">发生时间：____年____月____日____时____分
涉及人员：

事故内容：</td></tr>
<tr><td>应急处理经过及结果</td><td colspan="3">具体处理经过：

处理结果：</td></tr>
<tr><td>应急处理情况报告</td><td colspan="3">报告时间：____年____月____日____时____分
报告单位：
报告结果：
负责人（签名）：________
____年____月____日</td></tr>
<tr><td>数据是否上报至运维信息系统</td><td colspan="3"></td></tr>
<tr><td>业主单位意见</td><td colspan="3">单位（盖　　章）
_____年___月___日</td></tr>
<tr><td>备注</td><td colspan="3"></td></tr>
</table>

参考 DB3304/T 069—2021。

附　件

附件1　浙江省农村生活污水处理设施管理条例

《浙江省农村生活污水处理设施管理条例》于 2019 年 9 月 27 日经浙江省第十三届人民代表大会常务委员会第十四次会议通过，并正式发布，自 2020 年 1 月 1 日起施行。浙江省住房和城乡建设厅、杭州市城乡建设委员会还总结了该条例的“七个禁止”“十要”“十不”，概括起来，该条例的要点如下。

条例目的
加强农村生活污水治理，提高农村生活污水处理能力； 保障农村生活污水处理设施正常运行； 改善农村人居环境和生态环境。
适用范围
浙江省内农村生活污水处理设施的建设改造、运行维护及其监督管理。
遵循原则
农村生活污水治理实行统筹规划、源头治理、政府主导、全民参与原则。
责任界定
（1）村民及其他向污水处理设施排放污水的单位和个人 负责户内处理设施建设、养护、维修； 雨污分流，配套污水处理设施； 从事民宿、餐饮、洗涤、美容美发等经营活动的污水可以排入集中处理设施，但排水户需要对污水预处理，并与乡镇人民政府签订协议。

续表

（2）村（居）民委员会 配合做好污水处理设施建设改造和运行维护相关工作； 对影响污水处理设施正常运行和危及污水处理设施安全的行为予以劝阻； 及时向乡镇人民政府或者县（市、区）污水处理设施主管部门报告。
（3）乡镇人民政府 负责公共处理设施建设，并加强对户内处理设施建设的指导； 负责污水处理设施的建设改造和日常运行维护管理工作； 对负有运行维护义务的单位和个人开展日常运行维护工作实施指导和监督。
七个禁止
禁止从事以下危及污水处理设施安全的活动： （1）损毁、盗窃污水处理设施； （2）穿凿、堵塞污水处理设施； （3）向污水处理设施排放、倾倒剧毒、易燃易爆、腐蚀性废液和废渣； （4）向污水处理设施排放、倾倒酒糟、豆腐渣、番薯粉渣等废渣； （5）向污水处理设施倾倒垃圾、渣土、施工泥浆等废弃物； （6）建设占压污水处理设施的建筑物、构筑物或者其他设施； （7）其他危及污水处理设施安全的活动
十要
新建房屋要报备，雨污分流要到位； 户内设施要自建，污水排放要合规； 猪栏前端要勤掏，排水不畅要疏通； 破坏设施要举报，发现危险要报告； 环保意识要到位，管网设施要爱护。
十不
生活污水不直排，管网设施不私拆； 河溪雨水不接入，废弃残渣不混入； 格栅井盖不私拿，运维施工不阻挠； 建设用地不侵占，终端周边不种菜； 接入污水不超标，建成设施不破坏。
法律责任
规定危害设施安全行为，从法律层面保障设施安全； 明确了因运维单位违反行为及相关行政处罚要求，由县（市、区）污水处理设施主管部门责令限期改正； 明确了因排水户违反行为及相关行政处罚要求，由县（市、区）污水处理设施主管部门责令限期改正。

附件2　公示牌

根据《浙江省农村生活污水处理设施管理条例》，运维单位应当在村内适当位置公示运行维护范围、执行排放标准、巡查时间、工作人员及其联系电话、责任人监督电话等内容，接受社会监督。浙江省内已纳入标准化运维管理的设施，根据浙江省《关于推进农村生活污水处理设施标准化运维工作的通知》（浙建村发〔2019〕95号），公示牌应内容完整、表述正确、字迹清楚、安装牢固，其内容应包括工程名称、工程概况、工艺流程、流程说明、建设单位、设计单位、施工单位、运维单位（有联系人电话）等信息，2021年10月浙江省住房和城乡建设厅发布了《浙江省农村生活污水处理设施全过程管理导则》，对标准化运维管理设施的公示牌做了更详细的规定，如下所示。

集中处理设施标准化运维管理公示牌

（a）正常运行终端（能正常运行但不承诺达标的处理终端）的公示牌：

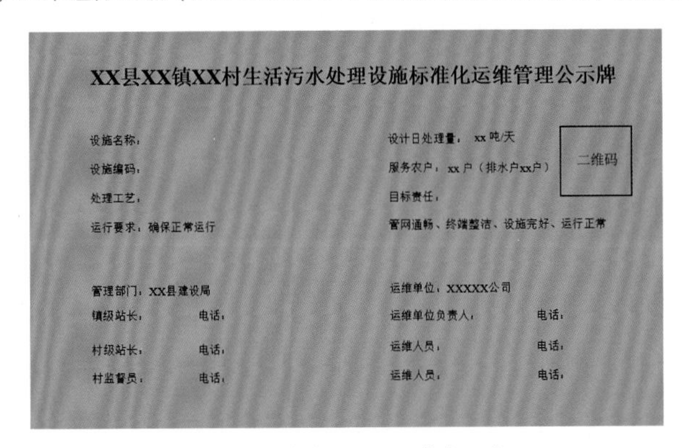

注：上面公示牌尺寸为1.5 m×0.9 m，顶部高度1.8 m，蓝底黑字。

（b）达标运行终端（新建、提升改造后或承诺达标的处理终端）的公示牌：

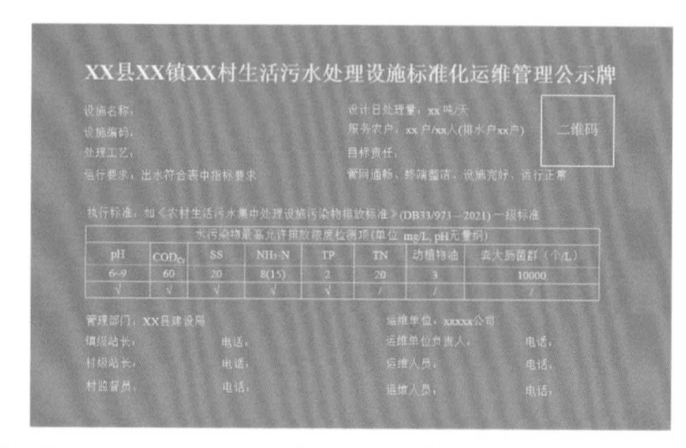
XX县XX镇XX村生活污水处理设施标准化运维管理公示牌

设施名称：
设施编码：
处理工艺：
运行要求：出水符合表中指标要求

设计日处理量：xx 吨/天
服务农户：xx 户/xx人(排水户xx户)
目标责任：
管网通畅、终端整洁、设施完好、运行正常

二维码

执行标准：如《农村生活污水集中处理设施污染物排放标准》(DB33/973—2021) 一级标准

水污染物最高允许排放浓度检测项(单位 mg/L，pH无量纲)							
pH	COD_{Cr}	SS	NH_3-N	TP	TN	动植物油	粪大肠菌群（个/L）
6~9	60	20	8(15)	2	20	3	10000
√	√	√	√	√	/	/	/

管理部门：XX县建设局
镇级站长：　电话：
村级站长：　电话：
村监督员：　电话：

运维单位：xxxxx公司
运维单位负责人：　电话：
运维人员：　电话：
运维人员：　电话：

注：上面公示牌尺寸为 1.5 m × 0.9 m，顶部高度 1.8 m，蓝底白字。

户用处理设备标准化运维管理公示牌

XX县XX镇XX村生活污水处理设施标准化运维管理公示牌

二维码

设施名称：XX村xx号
设施编码：
责任户主：　门牌号：
设计规模：xx吨/天
服务农户：xx户
型号：
品牌：
运行要求：出水符合户用处理设备排放要求
目标责任：接户完好、终端整洁、设施正常

管理部门：XX县XXXXXX局
镇级站长：　电话：
村级站长：　电话：
运维单位：XXXXX公司/组织
运维负责人：　电话：
运维人员：　电话：
运维人员：　电话：

注：上面公示牌尺寸为 1.0 m × 0.6 m，顶部高度 1.8 m，蓝底白字。

纳入城镇污水管网标准化运维管理公示牌

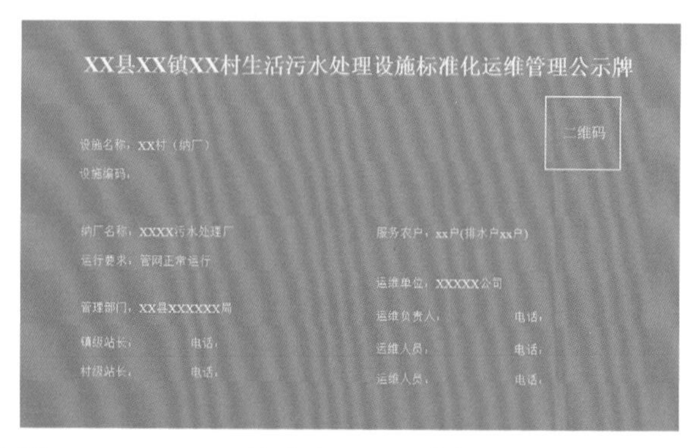

注：上面公示牌尺寸为 1.5 m × 0.9 m，顶部高度 1.8 m，蓝底白字。

停用告示牌

注：设施停用后在原公示牌的二维码处覆盖贴上该停用告示牌，如设施重新启用则摘除；

停用告示牌的尺寸可根据具体情况制作，蓝底白字。

附图2-1　处理设施标准化运维管理公示牌示例

附件3　设施代码

浙江省农村生活污水处理设施一般都有设施代码，有利于农村生活污水治理设施运维管理，提高信息化管理水平。处理设施代码的含义如下图所示，具体参见浙江省《农村生活污水治理设施编码导则（试行）》。

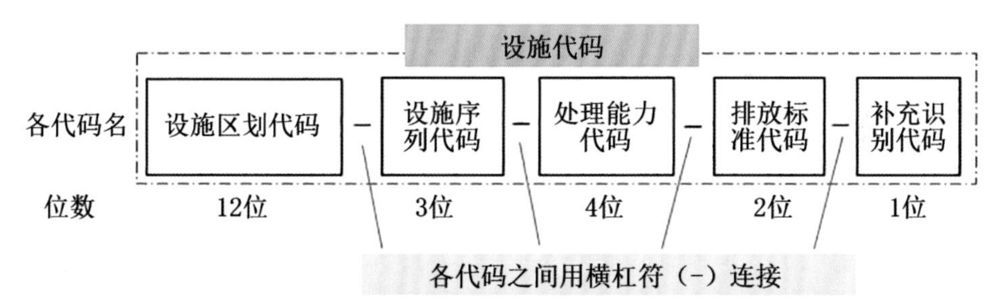

代码名称	设施区划代码	设施序列代码	处理能力代码	排放标准代码	补充识别代码
代码位数	12	3	4	2	1
各位数含义	第 1~6 位为县级以上行政区代码	以村级行政区划为单位，从 001 开始顺序编号	每天污水处理额定数量（以吨计）	由 2 位数字或字母组成	必要时可加补充识别代码
	第 7~9 位为乡级行政区代码	顺序号小于 1000，若不足 3 位，则置前导零	若不足 4 位，则置前导零	第一位为设计采用的排放标准号代码；第二位为排放标准等级码	用 1 位大写英文字母（A、B、C、……）顺序表示

续表

代码名称	设施区划代码	设施序列代码	处理能力代码	排放标准代码	补充识别代码
	第10~12位为村级区划代码	顺序号大于等于1000小于3300，则第一位（即百位）用大写字母（不含I、O、Z）表示；A表示10，B表示11，按序类推	纳入城镇污水处理厂管网则为“0000”	纳入城镇污水处理厂管网，此项编码为“00”	此代码为预留备用码

附图3-1　设施代码含义

附件4　农村生活污水处理设施运维常见安全标志汇总

根据浙江省《农村生活污水处理设施标志设置导则》，常见安全标志主要分为禁止标志、警告标志、指令标志和提示标志，如下所示。

禁止标志 基本型式是带斜杠的圆边框，文字辅助标志在其正下方。 白底、红圈、红斜杠；文字辅助标志为红底白字							
名称	图形标志	名称	图形标志	名称	图形标志	名称	图形标志
禁止通行	 禁止通行	禁止停留	 禁止停留	禁止跳下	 禁止跳下	禁止入内	 禁止入内
禁止攀登	 禁止攀登	禁止靠近	 禁止靠近	禁止动火	 禁止动火	禁止吸烟	 禁止吸烟

续表

禁止烟火	禁止烟火	禁止放易燃物	禁止放易燃物	禁止用水灭火	禁止用水灭火	禁止启闭	禁止启闭
禁止合闸	禁止合闸	禁止转动	禁止转动	禁止触摸	禁止触摸	禁止堆放	禁止堆放
禁止饮用	禁止饮用						
警告标志 基本型式为等边三角形，顶角朝上，文字辅助标志在其正下方。 其颜色为黄底、黑边；文字辅助标志为白底黑字。							
名称	图形标志	名称	图形标志	名称	图形标志	名称	图形标志
注意安全	注意安全	当心爆炸	当心爆炸	当心火灾	当心火灾	当心触电	当心触电
当心坠落	当心坠落	当心碰头	当心碰头	当心跌落	当心跌落	当心机器伤人	当心机器伤人

续表

当心吊物	 当心吊物	当心落物	 当心落物	注意通风	 注意通风	当心自动启动	 当心自动启动
当心中毒	 当心中毒	当心滑倒	 当心滑倒				
指令标志 基本型式为圆形，文字辅助标志在其正下方。 其颜色为蓝底、白图形；文字辅助标志为蓝底白字。							
名称	图形标志	名称	图形标志	名称	图形标志	名称	图形标志
必须戴防毒面具	 必须戴防毒面具	必须戴防护面罩	 必须戴防护面罩	必须穿戴绝缘品	 必须穿戴绝缘品	必须戴安全帽	 必须戴安全帽
必须系安全带	 必须系安全带	必须加锁	 必须加锁	必须穿救生衣	 必须穿救生衣	必须穿防护服	 必须穿防护服

续表

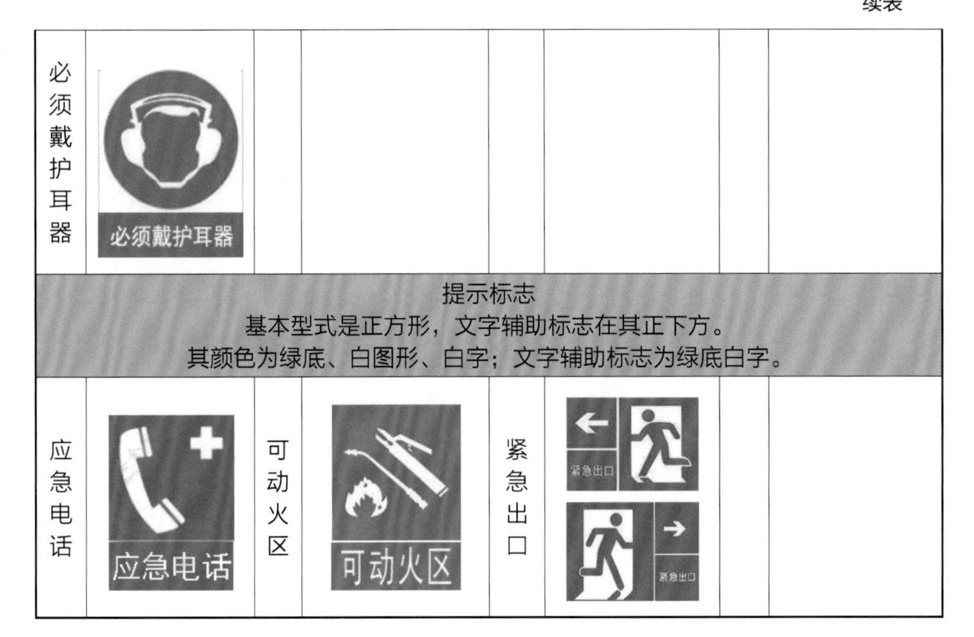

必须戴护耳器	必须戴护耳器						
提示标志 基本型式是正方形，文字辅助标志在其正下方。 其颜色为绿底、白图形、白字；文字辅助标志为绿底白字。							
应急电话	应急电话	可动火区	可动火区	紧急出口	紧急出口 紧急出口		

附件5　检测频率

根据 2019 年发布的《浙江省农村生活污水处理设施管理条例》，运维单位可按照下表的频率要求对污水处理设施进行进出水水量和水质的检测，妥善保存检测记录（可参照浙江省《农村生活污水水质化验室技术规程》（DB33/T 1257—2021）），并通过农村生活污水处理设施运维管理信息平台，按照规定的检测频次要求报送污水处理设施运行状态和进出水水量、水质等信息。

污水处理设施检测频率

设施类型	日处理能力	水量检测要求及频率	水质检测要求及频率
户用处理设备	≤ 5 吨	/	出水水质的检测频次每年不少于两次
集中处理设施	5 吨（不含）~30 吨（不含）	/	进出水水质的检测频次每季度不少于一次
	30 吨（含）~200 吨（不含）	/	进出水水质的检测频次每月不少于一次
	≥ 200 吨	进出水量实时检测	进出水质实时检测

附件6 农村生活污水治理行政村覆盖率和出水水质达标率计算方法

2022 年 4 月，浙江省住房和城乡建设厅和生态环境厅联合提出了《浙江省农村生活污水治理行政村覆盖率和出水水质达标率计算方法》，定义了行政村覆盖率和处理设施出水水质达标率，提出了计算方法，以下为具体内容。

一、定义

（一）行政村覆盖率（治理率）：农村生活污水治理已覆盖行政村数占行政村总数的比例。

（二）出水水质达标率：水质检测达标的处理设施数（纳厂+终端）占正常运行处理设施总数（不计停用、改造阶段的处理设施数）的比例。

二、计算方法

（一）行政村覆盖率计算公式：

$$\text{行政村覆盖率}=\frac{\text{已覆盖行政村数}}{\text{行政村总数}}\times 100\%$$

相关说明：

已覆盖行政村：指接户率 70% 以上且管控治理户 100% 管控的行政村。

接户率：指统计范围内，已接入处理设施的户籍农户数占应接入处理设施的户籍农户数（不含管控治理的户籍农户数）的比例。

管控治理户：对年累计居住时间小于 60 天或有政府批复的相关规划等文件中明确近期搬迁撤并范围内，产生的生活污水采用现有方式处置管控的农户。

（二）处理设施出水达标率计算公式：

$$\text{出水达标率}=\frac{A+B+C}{D}\times 100\%$$

式中：A——纳厂（纳入污水处理厂）处理设施数；

B——20 吨/日及以上出水达标的终端处理设施数；

C——20 吨/日以下出水达标的终端处理设施折算数；

D——正常运行处理设施总数。

相关说明：

正常运行处理设施清单由住建部门提供，生态环境部门根据正常运行处理设施清单和处理设施检测频次要求，合理制定检测计划。

A：农村生活污水纳厂处理设施出水视同所接入城镇污水处理厂排放指标项达标情况，计算纳厂处理设施数。

B：20 吨/日及以上终端处理设施达标判定规则如下：

2 次监测均达标，判定达标；第一次监测不达标，经过成因排查整改后第二次监测达标，判定达标；第一次监测达标，第二次监测不达标，按照监测项目浓度平均值判定设施达标情况；2 次监测均不达标，判定不达标。

C：20 吨/日以下达标的终端处理设施折算数=所检的 20 吨/日以下终端处理设施达标率 ×20 吨/日以下终端处理设施总数 100%。

20 吨/日以下终端处理设施每年随机抽检 25%。

参考文献

［1］ pH水质自动分析仪技术要求: HJ/T 96—2003[S/OL].北京:中国环境科学出版社，2003.[2020-04-08]. https://www.mee.gov.cn/ywgz/fgbz/bz/bzwb/shjbh/xgbzh/200307/t20030701_66888.shtml.

［2］ 氨氮水质在线自动监测仪技术要求及检测方法:HJ 101—2019[S/OL]. [2020-04-02]. https://www.mee.gov.cn/ywgz/fgbz/bz/bzwb/jcffbz/201912/t20191227_751681.shtml.

［3］ 城镇污水处理厂运行、维护及安全技术规程:CJJ 60—2011[S/OL].北京:中国建筑工业出版社，2011.[2020-07-15]. https://www.mohurd.gov.cn/gongkai/zhengce/zhengcefilelib/201112/20111227_208141.html.

［4］ 电导率水质自动分析仪技术要求:HJ/T 97—2003[S/OL].北京:中国环境科学出版社，2003.[2020-04-08]. https://www.mee.gov.cn/ywgz/fgbz/bz/bzwb/shjbh/xgbzh/200307/t20030701_66887.shtml

［5］ 高延耀，顾国维，周琪. 水污染控制工程[M].3版. 北京：高等教育出版社，2007.

［6］ 化学需氧量（CODCr）水质在线自动监测仪技术要求及检测方法:HJ 377—2019[S/OL]. [2020-05-11]. https://www.mee.gov.cn/ywgz/fgbz/bz/bzwb/jcffbz/201912/t20191227_751683.shtml.

［7］ 环境保护产品技术要求 膜生物反应器:HJ 2527—2012[S/OL]. 北京:中国环境科学出版社，2012[2020-05-24]. https://www.mee.gov.cn/

ywgz/fgbz/bz/bzwb/other/hbcpjsyq/201208/t20120803_234323.shtml.

[8] 环境保护产品技术要求 悬浮填料:HJ/T 246-2006[S/OL]. 北京:中国环境科学出版社，2006.[2020-04-13]. https://www.mee.gov.cn/ywgz/fgbz/bz/bzwb/other/hbcpjsyq/200606/t20060601_75878.shtml.

[9] 环境保护产品技术要求 悬挂式填料:HJ/T 245—2006[S/OL]. 北京:中国环境科学出版社，2006.[2020-04-11]. https://www.mee.gov.cn/ywgz/fgbz/bz/bzwb/other/hbcpjsyq/200606/t20060601_75877.shtml.

[10] 农村生活污水处理工程技术标准:GB/T 51347—2019[S/OL]. [2020-02-25]. https://www.mohurd.gov.cn/gongkai/zhengce/zhengcefilelib/201909/20190911_241761.html.

[11] 农村生活污水处理设施标志设置导则[S/OL]. [2020-11-10]. https://jst.zj.gov.cn/art/2020/2/20/art_1229159344_48452731.html.

[12] 农村生活污水处理设施标准化运维评价标准:DB33/T 1212—2020[S/OL]. [2020-12-15]. https://jst.zj.gov.cn/art/2020/11/30/art_1229159347_58923451.html.

[13] 农村生活污水处理设施机电设备维修导则[S/OL]. [2021-02-26]. https://jst.zj.gov.cn/art/2021/1/5/art_1229159344_58925571.html.

[14] 农村生活污水处理设施建设和改造技术规程:DB33/T 1199—2020[S/OL]. [2020-06-09]. https://jst.zj.gov.cn/art/2020/4/8/art_1229159347_42513204.html.

[15] 农村生活污水处理设施污水排入标准:DB33/T 1196—2020[S/OL]. [2020-07-23]. https://jst.zj.gov.cn/art/2020/4/8/art_1228990170_215.html.

[16] 农村生活污水处理设施运维技术规范:DB3304/T 069—2021[S/OL]. [2021-08-27]. https://scjgj.jiaxing.gov.cn/art/2021/6/29/art_1542478_58925123.html.

[17] 农村生活污水处理设施运行维护安全生产管理导则[S/OL]. [2020-10-07]. https://jst.zj.gov.cn/art/2020/8/27/

art_1229159344_55608938.html.

[18] 农村生活污水处理设施运行效果评价技术要求:GB/T 40201—2021[S/OL]. [2021-12-25]. http://c.gb688.cn/bzgk/gb/showGb?type=online&hcno=13478EF6A3F072218C68909914B1BA07.

[19] 农村生活污水管网维护导则[S/OL]. [2020-05-02]. https://jst.zj.gov.cn/art/2019/12/20/art_1229159344_48354719.html.

[20] 农村生活污水户用处理设备水污染物排放要求:DB33/T 2377—2021[S/OL]. [2021-10-17]. http://zjamr.zj.gov.cn/art/2021/9/30/art_1229047334_59006769.html.

[21] 农村生活污水集中处理设施水污染物排放标准:DB33/ 973—2021[S/OL]. [2021-11-21]. http://sthjt.zj.gov.cn/art/2021/10/11/art_1201911_58931098.html.

[22] 农村生活污水人工湿地处理设施运行维护导则[S/OL]. [2020-06-12]. https://jst.zj.gov.cn/art/2019/12/23/art_1229159344_48354720.html.

[23] 农村生活污水生物滤池处理设施运行维护导则[S/OL]. [2020-06-10]. https://jst.zj.gov.cn/art/2019/12/23/art_1228990170_201.html.

[24] 农村生活污水水质化验室技术规程:DB33/T 1257—2021[S/OL]. [2022-03-05]. https://jst.zj.gov.cn/art/2021/12/30/art_1229159347_58928572.html.

[25] 农村生活污水厌氧-好氧(A/O)处理终端维护导则(试行)[S/OL]. [2020-05-17]. https://jst.zj.gov.cn/art/2017/11/13/art_1229159344_48355498.html.

[26] 农村生活污水厌氧-缺氧-好氧(A2/O)处理终端维护导则[S/OL]. [2020-05-10]. https://jst.zj.gov.cn/art/2018/4/2/art_1229159344_48355409.html.

[27] 农村生活污水治理设施编码导则(试行)[S/OL]. [2020-08-12]. http://jsj.jinhua.gov.cn/art/2017/11/7/art_1229168711_2425435.html

［28］ 农村生活污水治理设施出水水质检测与结果评价导则（试行）[S/OL]. [2020-08-05]. http://jsj.jinhua.gov.cn/art/2017/7/13/art_1229168711_2425389.html.

［29］ 农村生活污水治理设施运行维护技术导则[S/OL]. [2020-09-16]. http://jsj.jinhua.gov.cn/art/2016/8/8/art_1229168711_2426940.html

［30］ 人工湿地污水处理工程技术规范:HJ 2005—2010[S/OL].北京:中国环境科学出版社，2010.[2020-06-14]. https://www.mee.gov.cn/ywgz/fgbz/bz/bzwb/other/hjbhgc/201012/t20101224_199117.shtml.

［31］ 生物接触氧化法污水处理工程技术规范:HJ 2009—2011[S/OL].北京:中国环境科学出版社，2011[2020-07-19]. https://www.mee.gov.cn/ywgz/fgbz/bz/bzwb/other/hjbhgc/201110/t20111027_218910.shtml.

［32］ 生物滤池法处理工程技术规范:HJ 2014—2012[S/OL]. 北京:中国环境科学出版社，2012.[2021-11-24]. https://www.mee.gov.cn/ywgz/fgbz/bz/bzwb/other/hjbhgc/201203/t20120330_225533.shtml.

［33］ 水污染源在线监测系统（CODCr、NH3-N等）数据有效性判别技术规范:HJ 356—2019[S/OL]. [2020-05-13]. https://www.mee.gov.cn/ywgz/fgbz/bz/bzwb/jcffbz/201912/t20191227_751686.shtml.

［34］ 水污染源在线监测系统（CODCr、NH3-N等）运行技术规范:HJ 355—2019 [S/OL]. [2020-05-09]. https://www.mee.gov.cn/ywgz/fgbz/bz/bzwb/jcffbz/201912/t20191227_751679.shtml.

［35］ 王昶，王力，曾明，等. 我国农村生活污水治理的现状分析和对策探究[J]. 农业资源与环境学报,2022,39(2):283-292.

［36］ 王新. 环境工程学基础[M]. 北京：化学工业出版社，2011.

［37］ 卫生部职业卫生标准专业委员会. 密闭空间作业职业危害防护规范:GBZ/T 205—2007[S]. 北京:人民卫生出版社，2007.

［38］ 序批式活性污泥法污水处理工程技术规范:HJ 577—2010[S/OL].北京:中国环境科学出版社，2011.[2020-05-12]. https://www.mee.gov.cn/ywgz/fgbz/bz/bzwb/other/hjbhgc/201010/t20101018_195662.htm.

[39] 厌氧-缺氧-好氧活性污泥法污水处理工程技术规范:HJ 576—2010[S/OL]. 北京:中国环境科学出版社, 2010.[2020-05-11]. https://www.mee.gov.cn/ywgz/fgbz/bz/bzwb/other/hjbhgc/201010/t20101018_195661.shtml.

[40] 浙江省农村生活污水处理设施"站长制"管理导则[S/OL]. [2021-04-27]. https://jst.zj.gov.cn/art/2020/10/23/art_1229159344_58923130.html.

[41] 浙江省农村生活污水处理设施全过程管理导则[S/OL]. [2021-11-23]. https://jst.zj.gov.cn/art/2021/10/25/art_1229159344_58927918.html.

[42] 浙江省农村生活污水处理设施水质检测导则[S/OL]. [2022-10-11]. https://jst.zj.gov.cn/art/2022/8/15/art_1229159344_58930252.html.

[43] 浙江省农村生活污水处理设施在线监测系统技术导则[S/OL]. [2021-02-23]. https://jst.zj.gov.cn/art/2021/2/1/art_1229159344_58925825.html.

[44] 浙江省农村生活污水运维常见问题与处理导则[S/OL]. [2020-09-01]. https://jst.zj.gov.cn/art/2020/7/21/art_1229159344_51796706.html.

[45] 浙江省县(市、区)农村生活污水治理设施运行维护管理导则[S/OL]. [2020-03-17]. https://jst.zj.gov.cn/art/2017/11/29/art_1229159344_48355513.html.

[46] 中国建设标准化协会. 曝气生物滤池工程技术规程:CECS 265:2009[S].北京:中国计划出版社, 2009.

[47] 总氮水质自动分析仪技术要求:HJ/T 102—2003[S/OL].北京:中国环境科学出版社, 2003.[2020-04-05]. https://www.mee.gov.cn/ywgz/fgbz/bz/bzwb/shjbh/xgbzh/200307/t20030701_66729.shtml.

[48] 总磷水质自动分析仪技术要求:HJ/T 103—2003[S/OL].北京:中国环境科学出版社, 2003.[2020-04-06]. https://www.mee.gov.cn/ywgz/fgbz/bz/bzwb/shjbh/xgbzh/200307/t20030701_66734.shtml.